Sitzungsberichte
der
Heidelberger Akademie der Wissenschaften
Stiftung Heinrich Lanz

Mathematisch-naturwissenschaftliche Klasse

*) *Jahrgang 1921 erschien im Verlage von Carl Winters Universitätsbuchhandlung in Heidelberg.*

Im Verlag von Walter de Gruyter & Co. vormals G. J. Göschen'sche Verlagshandlung — J. Guttentag, Verlagsbuchhandlung — Georg Reimer — Karl J. Trübner — Veit & Comp., Berlin erschienen:

Abteilung A. Mathematisch-physikalische Wissenschaften.

Jahrgang 1922.

1. Perron, Oskar. Neue Summationsmethoden und Entwicklungen nach Polynomen. Reichsmark 0·30
2. Perron, Oskar. Über transzendente Funktionen auf Riemannschen Flächen. Reichsmark 0·60
3. Baldus, Richard. Uber die singulären Punkte reeller Parameterkurven. Reichsmark 0·50

Jahrgang 1923.

1. Deecke, W. Mitteleuropäische Meeresströmungen der Vorzeit. Reichsmark 0·60
2. Liebmann, Heinrich. Die Lie'sche Cyklide und die Inversionskrümmung. Reichsmark 0·40
3. Perron, Oskar. Über Gleichungen ohne Affekt. Reichsmark 0·40
4. Liebmann, Heinrich. Beiträge zur Inversionsgeometrie III. Reichsmark 0·40
5. Kratzert, J. Beitrag zur Kenntnis des Andesins von Bodenmais Reichsmark 0·50

Jahrgang 1924.

1. Th. Curtius und A. Bertho. Einwirkung von Stickstoffkohlenoxyd und von Stickwasserstoffsäure unter Druck auf aromatische Kohlenwasserstoffe. Reichsmark 0·50
2. Liebmann, Heinrich. Umkehrung des Variationsproblems der ebenen Affingeometrie. Reichsmark 0·60
3. Salomon, Wilhelm. Die Intensitäten alluvialer und diluvialer geologischer Vorgänge und ihre Einwirkung auf die pliocäne Rumpffläche des Kraichgaues und Odenwaldes. Reichsmark 1·20

[Fortsetzung siehe 3. Umschlagseite.]

*) Bestellungen auf solche Veröffentlichungen der math.-naturw. Klasse, welche früher im Verlag von Carl Winters Universitätsbuchhandlung in Heidelberg erschienen sind nimmt auch der Verlag Walter de Gruyter & Co., Berlin, entgegen.

Sitzungsberichte
der Heidelberger Akademie der Wissenschaften
Stiftung Heinrich Lanz

Mathematisch-naturwissenschaftliche Klasse

Jahrgang 1926. 7. Abhandlung.

Über die Längenperiode der Internodien

Aus dem Nachlaß

von

Georg Klebs

herausgegeben durch H. Freund

Vorgelegt durch L. Jost in der Sitzung vom 15. Mai 1926

Mit 21 Abbildungen im Text

Berlin und Leipzig 1926

Walter de Gruyter & Co.

vormals G. J. Göschen'sche Verlagshandlung / J. Guttentag, Verlagsbuchhandlung / Georg Reimer / Karl J. Trübner / Veit & Comp.

Über die Längenperiode der Internodien.

Aus dem Nachlaß von GEORG KLEBS herausgegeben durch H. FREUND[1]).

Bei der Betrachtung des Stengels einer einjährigen Pflanze oder der Jahrestriebe von Sträuchern und Bäumen fällt die regelmäßige Periode in der Aufeinanderfolge der Blattformen von der Basis nach der Spitze zu, wie z. B. bei Helianthus, ebenso wie die Periode in der Länge der Internodien auf. Die Internodien nehmen von der Basis nach oben an Länge zu bis zu einem Maximum, um dann wieder abzunehmen. Schon STEPHAN HALES (1727) stellte an der Weinrebe fest, daß die Internodien ungleichmäßig wachsen, und zwar an den oberen Enden der Triebe stärker als an den unteren, was er auf den Einfluß der größeren Blätter und der höheren Temperatur zur Zeit ihrer Entwicklung zurückführte. Die regelmäßige Zu- und Abnahme der Internodienlängen war von anderen älteren Botanikern ebenfalls beobachtet worden, wie es die historische Skizze bei WIESNER und WETTSTEIN (1883) zeigt. Der erste, der bestimmte Messungen der Längenperiode mitteilt, war HARTING (1842), der für Hopfen den Rhythmus erkannte. Er weist auch darauf hin, daß äußere Einflüsse wie Temperatur u. a. die Zunahme und die nach Erreichung des Maximums erfolgende Abnahme verändern. Und unabhängig von HARTING hat auch MÜNTER (1843 S. 73) die Längenperiode für Triebe der Roßkastanie festgestellt. Er hat auch den Rhythmus des Wachstums in Zunahme, Höhe und Abnahme der Intensität klar erkannt, die Erscheinung, die SACHS später als große Periode des Wachstums bezeichnet hat. In einer späteren Arbeit hat HARTING (1844) sehr genaue Messungen

[1]) Die vorliegende Abhandlung ist die letzte, die aus dem Nachlaß von G. KLEBS der Öffentlichkeit übergeben wird. Wie früher mitgeteilt (Sitzungsberichte der Heidelberger Akademie, Math.-naturw. Klasse B 1919 Nr. 18), war die Handschrift sehr unleserlich. Die Arbeit hätte, wie auch die kürzlich erschienene über „periodisch wachsende tropische Baumarten" (1926, 2. Abhandlung) nicht publiziert werden können ohne die selbstlose Tätigkeit des Herrn Dr. H. FREUND in Halle, der so seiner hohen Verehrung für den verstorbenen Lehrer ein bleibendes Denkmal gesetzt hat. JOST.

an Zellen wachsender Internodien angestellt und dabei gefunden, daß die verschiedenen Längen, welche die Internodien erreichen, auf einer Zellvermehrung beruhen, während die durchschnittliche Zellänge für die verschiedenen Internodien wesentlich gleich ist. Als SACHS seine bekannten Untersuchungen über das Wachstum aufnahm, hat er vor allem Zu- und Abnahme des Wachstums an einzelnen Querzonen beobachtet sowie die sich daraus ergebende Verteilung des Wachstums am ganzen wachsenden Stengel. Seine Ansicht von der großen Periode des Wachstums bezog sich somit auf das Verhalten der einzelnen Querzonen, auf das Wachstum ganzer Triebe, nicht auf periodische Änderungen in der Länge der Internodien, wie sie seine Vorgänger festgestellt hatten. Aber MOLL (1876) hat in seiner eingehenden Arbeit, die sich methodisch an die von HARTING anschließt, schon darauf hingewiesen, daß die Längenperiode der Internodien wohl von der großen Wachstumsperiode zu unterscheiden ist. Durch Messungen der Zahl und Länge der Zellen in allen Internodien der Triebe stellte MOLL fest, daß in jungen Internodien im wesentlichen bereits die verschiedene Zahl der Zellen festgelegt ist und daß der Unterschied in der Länge vor allem auf Zellstreckung beruht. So kommt MOLL zum Schluß, daß die große Periode von SACHS hauptsächlich durch Zellstreckung bedingt wird, die Längenperiode der Internodien dagegen durch Zellteilung. Die Messungen von MOLL sind so zahlreich, daß die aus ihnen gezogenen Schlüsse sehr wohl richtig sein können (vgl. PFEFFER 19 S. 8). Jedoch gelten sie nur für Bedingungen, unter denen die untersuchten Triebe aufgewachsen sind. Die Frage nach der Abhängigkeit der Zellteilung und Zellstreckung von äußeren Bedingungen ist dabei nicht berücksichtigt. Schon lange vor der Arbeit von MOLL hat GR. KRAUS (1868) in seinen Untersuchungen über die Unterschiede von vergeilten und normalen Stengeln zahlreiche Zellmessungen ausgeführt. Er kommt zu dem Resultat, daß die Zellen von etiolierten Internodien mindestens um das Doppelte, oft um das 3—5fache länger als die Zellen normaler Internodien sind. Wenn auch auf die Übergröße der Zellen ein Teil der Überlängerung der Internodien zurückzuführen ist, so wird ein Rest jedoch noch durch eine gewisse Zellvermehrung gedeckt. Nun hängt aber jedenfalls von äußeren Umständen ab, ob die Verlängerung der Internodien mehr auf Zellteilung oder auf Zellstreckung zurückzuführen ist, namentlich wenn man berücksichtigt, wie beide Prozesse einzeln von den äußeren Faktoren beeinflußt werden können. Es sei hier nur eine Arbeit von SIERP (1913) erwähnt, der den großen Einfluß äußerer Bedingungen auf die Zellgröße nachgewiesen hat. Das wichtige Problem des bisher noch unbekannten Verhältnisses von Zellstreckung und Zellvermehrung muß berücksichtigt werden. Bis jetzt fehlen noch genauere Untersuchungen, wie sie im einfachen Fall von Farnprothallien angestellt wurden (KLEBS 1917).

Seit HARTING bis auf die neueste Zeit gilt die Längenperiode der Internodien für eine erblich festgelegte Erscheinung, die wohl von äußeren Bedingungen im einzelnen modifiziert werden kann, aber der Hauptsache nach unabhängig von der Außenwelt bei allen Pflanzentrieben auftritt.

So kommt auch BERTHOLD (1904 S. 27) zu folgendem Schluß: „Wenn auch a priori anzunehmen ist, daß, wie die absolute Länge eines Triebes, so auch die Längenentwicklung seiner Internodien von günstigen Wachstumsbedingungen wesentlich gefördert werden wird, so sind doch für die Periode in der Ausbildung der Internodienlängen ohne Zweifel, wie aus vielen später näher darzulegenden Tatsachen hervorgeht, in erster Linie innere Wachstumsfaktoren ausschlaggebend, die ganz unabhängig von äußeren Einwirkungen zur Geltung kommen."

Die erste spezielle Untersuchung über diese Frage verdankt man Frau TAMMES (1903 S. 15). In der Einleitung der ersten Abteilung ihres Werkes erwähnt sie gelegentliche Beobachtungen, daß bei verschiedenen Sträuchern Deutzia, Cytisus usw. eine Abweichung in der Längenperiode bemerkbar wird, weil zwischen den großen mittleren Internodien ein sehr kleines Internodium lag. Bei Trieben von Syringa persica, Populus balsaminifera, Acer pseudoplatanus beobachtete TAMMES zwei Perioden, wie sie ähnlich bei Johannistrieben anderer Pflanzen hervortreten. Ihre eigentliche Untersuchung bestand darin, den Einfluß der Entblätterung auf die Längenperiode nachzuweisen. Bei der einen Versuchsreihe wurden aus der eben aufbrechenden Knospe nach und nach sämtliche Laubblätter entfernt, bei einer zweiten wurden nur eins oder wenige Blätter an der Basis oder in der Mitte der Triebe entfernt. In der ersten Versuchsreihe wurden Jahrestriebe von acht Baumarten entblättert, und am Ende der Vegetationsperiode bestimmte TAMMES einfach die Längenperiode. Der entblätterte Trieb entwickelte sich nur wenig und starb schließlich ab (S. 27). Aber die Längenperiode war ebenso ausgeprägt wie bei normalen Trieben, sogar lag das Maximum bei beiden an den übereinstimmenden Internodien. Bei einigen mikroskopischen Untersuchungen beobachtete TAMMES in Übereinstimmung mit den Resultaten MOLLS, daß Entblätterung auf die Zahl der Zellen wahrscheinlich keinen oder nur ganz geringen Einfluß ausübt. Die Entblätterung wirkte anscheinend in erster Linie auf die Streckung der Zellen. In der zweiten Versuchsreihe bei Wegnahme nur weniger Blätter wurden Triebe einiger Kräuter, Stauden und Bäume am Ende der Vegetationsperiode untersucht. Hier zeigte sich regelmäßige Änderung der Längenperiode der

Internodien, indem durch Wegnahme der Blätter eine Verkürzung der Internodien im Vergleich zu normalen Trieben deutlich war. Der Einfluß erstreckte sich aber auch auf die benachbarten Internodien, und zwar nicht bloß auf die darunter liegenden, sondern auch auf die folgenden jungen Internodien. Die Lage des Maximums ist je nach der Stelle, wo die Blätter abgeschnitten sind, verschoben. Sind die Blätter an der Basis der Triebe abgeschnitten, so ist das Maximum gegen die Spitze gerückt. Sind die jüngsten Blätter entfernt, so ist das Maximum nach der Basis hin verschoben. Den Einfluß auf die nächstunteren Internodien bringt TAMMES in Zusammenhang mit der Abnahme nach unten geleiteter Nährstoffe. Aus der Hemmung der über der Entblätterungsstelle liegenden Internodien folgert TAMMES, daß von den Blättern auch ein Teil der von ihnen erzeugten Stoffe nach oben geleitet wird, besonders auffallend bei Wasserreisern von Sambucus nigra (S. 78). Analoge Versuche stellte T. TAMMES auch an Pflanzen mit gefiederten Blättern an, bei denen ein oder mehrere Fiederpaare in der Jugend entfernt wurden. Die Längenperiode der „Interfoliole" wurde dadurch auch gestört und die Lage des Maximums verschob sich ebenfalls (S. 73). Unabhängig von TAMMES hat auch BERTHOLD (1904 S. 201) zahlreiche Entblätterungsversuche gemacht, ohne allerdings genauere Messungen anzustellen. Er berichtet, daß bei manchen Objekten — Acer pseudoplatanus, Aesculus hippocastanum — ebenfalls bei Stauden und Kräutern nach Fortnahme der Blätter das Wachstum fast ganz stillsteht. Auch bei weiterem Wachstum bleiben die Internodien kurz. Als Folge fortgesetzter Entblätterung bezeichnet BERTHOLD (S. 203) „ein mehr oder weniger ausgeprägtes Kürzerbleiben der Internodien bis zu vollständigem Ausbleiben der Streckung, eine starke Abnahme der Dicke der Triebe, eine Abnahme der Stärke der weiter wachsenden Spitze und geringere Größe der an ihr entstehenden Blätter." Weil sich in den wenig gestreckten, noch weichen Internodien ziemlich viel Stärke findet, will BERTHOLD die Hemmung des Wachstums nicht auf Nahrungsmangel zurückführen. Er nimmt ohne weitere Messungen an, daß durch die Entblätterung die ameristische Streckung gehemmt wird (S. 204). Die Verkürzung der Internodien nach Entblätterung ist auch neuerdings von KRACKE (1915 S. 147) an verschiedenen Gewächsen beobachtet worden. Auch andere Forscher geben gelegentlich Veränderungen der Längenperiode an. So erwähnt RICÔME (1902 S. 35), daß im Dunkeln erwachsene Pflanzen, ans Licht gestellt, zuerst kürzere, später wieder längere Internodien bilden, so daß außer dem Maximum im Dunkeln später am Licht ein zweites Maximum erscheint, was ohne weiteres verständlich ist.

Gegenüber solchen Beobachtungen über den Einfluß äußerer Bedingungen auf die Längenperiode hebt P. Groom in seinen ausführlichen Arbeiten darüber (1908, 1909) mit besonderem Nachdruck hervor, daß diese Periode unabhängig von äußeren Bedingungen ist. Er sagt S. 96: „But in the part too little attention has been devoted to the inherent nature of this feature and too much steep laid upon the action of environment.“ Bei unseren Bäumen kann niedere Temperatur und Mangel an Wasser nicht schuld an der Längenperiode sein, da sie im Sommer schon abgeschlossen wird. Ferner zeigt sich die Längenperiode in den feuchtwarmen Tropen, wie Raciborski (1900 S. 7) beobachtet hat, ebenso bei untergetaucht lebenden Wasserpflanzen, z. B. Elodea und Myriophyllum. Irgendwelche Versuche hat Groom nicht gemacht. Die Bedeutung seiner Arbeit liegt in der Feststellung der Längenperiode bei verschiedenen Kräutern, unter denen die Chenopodiaceen, in größerem Maße auch andere Centrospermen, eigenartige Internodienkurven aufweisen. Es tritt eine regelmäßige zickzackförmige Kurve hervor, die nach Groom damit zusammenhängt, daß bei diesen Kräutern die ursprünglich dekussierte Blattstellung in alternierende übergeht. Indem die anderen Blätter eines zurückbleibenden Quirls hinaufgeschoben werden, wird das zugehörige Stengelinternodium regelmäßig etwas verkürzt. Groom hat auch mehr als seine Vorgänger auf Änderungen der Internodialkurven geachtet, die bei den Seitentrieben eintreten. Bei einem Stengelsystem z. B. von Rhinanthus verhalten sich die unteren Zweige wie der Hauptstamm. Je weiter nach oben die Zweige sitzen, um so mehr zeigen die Kurven den absteigenden Ast. Da nach seinen Anschauungen das alles erblich festgelegt ist, so sieht Groom garnicht, welche Probleme in diesen Tatsachen stecken.

Nachdem sich auf Grund von langen Erfahrungen und eingehenden Überlegungen die Auffassung immer stärker aufdrängte, daß alles, was in der Pflanze geschieht, das notwendige Resultat bestimmter Einwirkungen der Außenwelt auf die gegebene spezifische Struktur ist, mußte auch versucht werden, die Längenperiode von diesem Gesichtspunkt aus zu prüfen. Nach den Untersuchungen der früheren Erforscher ergibt sich soviel, daß die Längenperiode nicht in so direkter einfacher Beziehung zur Außenwelt steht wie die übermäßige Verlängerung einzelner Internodien bei Lichtabschluß. Dafür spricht die Tatsache, daß die Längenperiode auch bei einigermaßen konstanten Außenbedingungen, wie im Dunkeln bei gleicher Temperatur, ebenso wie auch bei wechselnden Bedingungen bemerkbar ist.

Aber dennoch bleibt es ein irriger Schluß, mag er noch so oft wiederholt werden, daß deshalb überhaupt keine notwendige Abhängigkeit existieren sollte.

Das Maximum der Länge der Internodien ist vor allem bedingt durch die Abnahme der Länge gegen den Abschluß der Jahrestriebe. Da sich bei meinen Untersuchungen herausgestellt hat, daß der Abschluß selbst durch die Außenwelt bedingt ist und aufgehoben werden kann, so ergab sich die Wahrscheinlichkeit, daß die ganze Periode auch mehr oder weniger aufgehoben oder tiefgreifend verändert werden kann. Schon seit langer Zeit stellte ich Versuche mit den jährlichen Trieben von Stauden an. Auch Versuche mit Jahrestrieben von Sträuchern lieferten mir sehr reichliches Material. Aber es besteht eine große Schwierigkeit, die Versuche auch während des Winters durchzuführen. Deshalb benutzte ich zur eingehenden Prüfung eine tropische Pflanze: Lantana amara. Diese strauchartige Verbenacee ist im tropischen Klima von Java allgemein verbreitet. Man zieht sie besonders gern in Form von Hecken. Ihre Blätter treibt sie den ganzen Winter hindurch, wie ich mich selbst überzeugt habe. Ununterbrochen während des ganzen Jahres kultivierte ich seit 1912 in meinem Gewächshaus (zwei Abteilungen: eine etwas kühler, die andere etwas wärmer) Stecklinge, die von einer Pflanze herstammten. Das gesamte Material der folgenden Untersuchungen gehörte also einer bestimmten Rasse an, so daß Rassenunterschiede nicht in Betracht kommen. Die Pflanzen wuchsen ununterbrochen während des ganzen Jahres. Ich machte Messungen vom Frühjahr 1917 bis Frühjahr 1918, indem ich an jungen Trieben die Blätter maß, wobei ich feststellte, daß das Blattwachstum unaufhörlich weiterging. Die Pflanzen wuchsen so lebhaft im Gewächshaus, daß sie von Zeit zu Zeit stark beschnitten werden mußten. Zur Orientierung über das Maß der Variation in der Internodienlänge wurden bei einer großen Menge von Trieben sämtliche Internodien gemessen. Dabei wurden die Knoten als solche nicht berücksichtigt. Als Grenze der Internodien wurde die Linie zwischen den Ansatzpunkten der opponierten Blätter genommen, die namentlich bei jungen Trieben fein markiert ist. Die beiden jüngsten Internodien sind nicht mitgerechnet, da sie noch lebhaft wuchsen. Meine Messungen zeigten, daß die Wachstumsperiode in den drei letzten, jüngsten Internodien sich abspielt. Das erste, mit einer Spitze, ist kaum bemerkbar, das zweite befindet sich im Maximum der Streckung, das dritte wächst nur noch sehr langsam. Von mehreren Pflanzen im Gewächshaus, die sich mit ihren Wurzeln durch die Töpfe in den feinen sandigen Schotter ausgebreitet hatten, ergaben die Messungen, die von Fräulein SPRÜTH ausgeführt wurden, folgendes Resultat:

	Dat.	Kultur	Länge d. Internodien			Länge der Blätter			Breite der Blätter		
			Durchschnitt	Min.	Max.	Durchschnitt	Min.	Max.	Durchschnitt	Min.	Max.
1.	23.5.	sandige Erde Gewächshaus I	5,4	0,6	17,0	8,9	3,1	15,3	3,5	1,8	8,4
2.	31.5.	Gartenerde Gewächshaus I	8,1	2,0	20,5	10,4	5,5	15,1	4,6	2,3	7,1
3.	4.6.	Gartenerde Gewächshaus II	7,9	1,4	20,3	10,2	4,5	15,2	4,5	2,0	6,2
4.	3.8.	Ältere Pflanze Gartenerde GewächshausII	11,2	4,5	21,8	9,9	4,2	15,3	4,7	2,6	6,6
		Variationsbreite		0,6	21,8		3,1	15,3		1,8	8,4

Bei Pflanze 1 bis 3 wurden je 200 Internodien und je 200 Blätter gemessen. Die Pflanze 4 war eine ältere Pflanze, die im Frühjahr zurückgeschnitten und in frische Erde gesetzt worden war. Bei ihr wurden 163 Internodien und 166 Blätter gemessen. Um Variationskurven für Internodienlängen zu konstruieren, ordnete ich die Internodien in Gruppen, die Längenunterschiede von 1—9 mm umfaßten z. B. 10—19 mm, 20—29 mm. Es entsteht die bekannte GAUSS'sche Zufallskurve.

Die Kurven gelten nur für die äußeren Bedingungen in den beiden Häusern und zeigen uns nur den Einfluß wechselnder Veränderungen von Temperatur, Licht, Feuchtigkeit und Beschaffenheit des Bodens. Sie beweisen uns die Größe der Variationsfähigkeit. (Fig. 1.)

Aus den Bestimmungen der Tabelle 1 ergibt sich sehr deutlich, daß der Mittelwert der gleichen Merkmale bei der gleichen Pflanze sehr starken Schwankungen unterworfen ist je nach den äußeren Bedingungen (KLEBS 1907 S. 101). Bei Versuch 1 war die Ernährung aus dem Boden kümmerlich, die Triebe waren im Winter und Frühjahr entwickelt. Unter sonst sehr gleichen Bedingungen des Lichtes, der Temperatur und der Feuchtigkeit, aber bei bessrer Erde — Versuch 2 — stieg der Mittelwert, ebenso wie das Maximum für die Internodien, auch für die Länge und Breite der Blätter. Noch auffallender wird der Unterschied zwischen Versuch 1 und 4. Bei letzterem hatten sich die Triebe unter günstigen Licht- und Bodenverhältnissen entwickelt; der Mittelwert der Internodienlänge ist auf das Doppelte gestiegen. Versuch 2 und 3 liefern etwa die gleichen Zahlen, obwohl bei Versuch 3 die Durchschnittstemperatur etwas höher war. Der Mittelwert der betrachteten Merkmale ist nur die Folge der während der Versuchszeit durchschnittlich am häufigsten eintretenden

Kombination der äußeren Bedingungen, die die Größenverhältnisse bestimmen. Ein Gesamtdurchschnitt hat wenig Wert, weil die ihn liefernden Organe unter den allerverschiedensten äußeren Verhältnissen gebildet worden sind.

Fig. 1

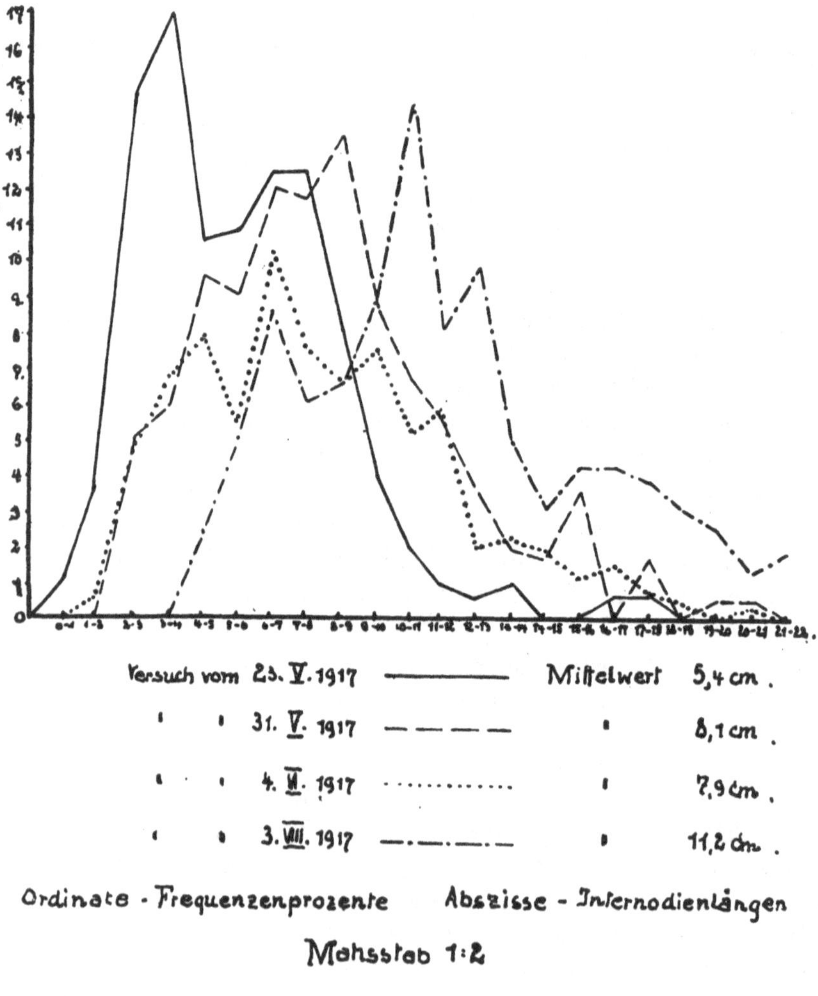

Verteilung der Internodienlängen auf den Achsen.

Zur ersten Orientierung wurden die Internodien sämtlicher Triebe von Versuch 4 — im ganzen 20 Triebe — von der Basis nach der Spitze zu gemessen.

Internodium	1	2	3	4	5	6	7	8	9	10	11
Trieb 1	6,6	8,9	8,4	8,6	11,0	13,5	**18,3**	15,8	13,4	12,8	7,5
2	9,1	13,1	14,7	**16,1**	11,5	14,2	12,4				
3	5,4	9,7	10,3	9,6	9,5	8,7	5,6	6,3	14,7	**17,1**	10,6
4	7,3	9,0	**12,7**	11,4	10,1	9,4	11,1				
5	9,9	10,3	15,9	17,4	17,5	17,0	**19,7**	18,0	7,7		
6	7,5	10,3	10,2	11,9	12,7	**14,3**	13,1	10,0			
7	4,7	12,0	11,4	20,1	**21,7**	14,5	10,7	10,7	10,1		
8	8,1	10,8	16,3	19,3	19,2	**19,7**	18,5	10,1	6,4		
9	10,3	10,9	11,3	10,8	11,5	12,2	**13,0**	8,7	10,1	12,6	
10	6,8	10,2	12,8	12,8	16,3	**16,6**	6,2				
11	4,5	12,8	15,0	**16,2**	13,2	6,8	5,1				
12	6,8	10,5	11,1	**16,6**	6,5	6,0	7,5	5,9	8,0	6,0	
13	11,1	15,2	**18,7**	17,2	10,8	10,2	9,3				
14	4,5	9,0	9,1	9,5	9,6	11,0	12,6	**18,6**	11,7		
15	6,2	13,2	20,5	21,0	**21,8**	15,3	8,0				
16	**12,3**	9,0	7,5	5,4	7,8	8,3					
17	**15,1**	12,9	12,6	11,9							
18	6,3	9,8	10,3	10,5	**12,6**	10,6	7,8	8,4			
19	5,5	6,0	5,6	6,2	7,6	8,8	10,5	13,7	**17,5**	7,8	
20	5,4	9,2	12,7	**16,8**	15,3	10,1	4,5				
Durchschnitt	7,7	10,6	12,4	13,5	12,9	11,8	10,5	11,5	11,4	10,5	9,1

Fig. 2

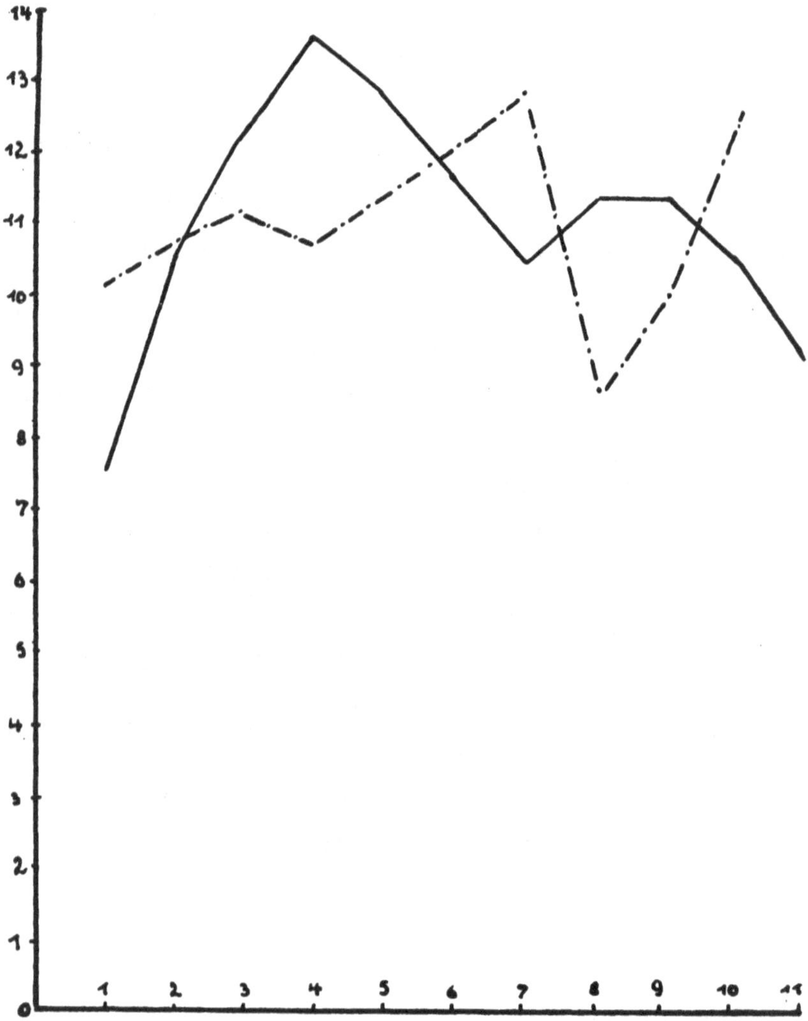

Erste Kurve ——— Ordinate: Durchschnittsgröße der Internodien von 20 Trieben.
Abszisse: erstes zweites, u.s.w. Internodium von der Basis ab gerechnet
Zweite Kurve —·—·— Kurve der Internodienlängen. des 9. Triebes.

Der allgemeinen Regel gemäß findet von der Basis ab eine Zunahme der Länge statt. Aber bei einigen kurzen Trieben, die als Seitentriebe auftraten, hatte die größte Länge das basale Internodium. Die Lage des Maximums folgt daher keiner bestimmten Regel.

Das Maximum lag:

im	ersten	Internodium	bei	2	Trieben
„	zweiten	„	„	0	„
„	dritten	„	„	2	„
„	vierten	„	„	4	„
„	fünften	„	„	3	„
„	sechsten	„	„	3	„
„	siebenten	„	„	3	„
„	achten	„	„	1	„
„	neunten	„	„	1	„
„	zehnten	„	„	1	„
„	elften	„	„	0	„

Im Durchschnitt zeigt sich allerdings ein gewisses Maximum im 4. Internodium (20 %). Aber sonst schwanken die Längen der aufeinanderfolgenden Internodien auf und ab. Bei den letzten Internodien bemerkt man eine Abnahme, aber diese beruht sicher zum größten Teil darauf, daß die zuletzt gemessenen Internodien noch nicht ganz ausgewachsen waren. Wenn die allerjüngsten Internodien auch noch mitgemessen worden wären, so würde dieser Abfall noch deutlicher sein, aber er würde nichts für eine allgemeine Abnahme der Längenperiode beweisen.

Eine ältere Pflanze im Topf mit langen in das umliegende Erdreich ausgebreiteten Wurzeln wurde in frische Erde gebracht. Am 30. 3. 17 wurde die Pflanze ganz beschnitten. Im Laufe des Frühjahres bis zum 19. 6 waren 7 kräftige Triebe aus schlafenden Knospen herangewachsen. Die Messungen an 62 Internodien ergaben:

Internodium	1	2	3	4	5	6	7	8	9	10	11	12
Trieb 1	1,5	3,4	2,2	2,4	3,7	7,5	7,1	5,9	7,8	7,3		
2	1,7	1,8	3,3	6,0	5,4	5,7						
3	3,7	4,8	4,8	8,3	10,5	9,8	15,2	10,0				
4	2,7	4,4	5,9	5,1	7,1	7,7	6,1	8,2				
5	3,6	2,3	2,3	3,9	6,8	6,3	6,5	8,4	11,5	5,8	5,8	5,9
6	4,2	6,2	7,8	7,4	13,2	11,3	11,2	14,1	7,8			
7	2,5	4,3	7,0	7,5	10,1	13,1	9,6	11,5	12,9			
Durchschnitt	2,8	3,9	4,8	5,8	8,1	8,8	9,3	9,7	10,0	6,6		

Durchschnittslänge der 62 Internodien 6,74 cm.

Fig. 3

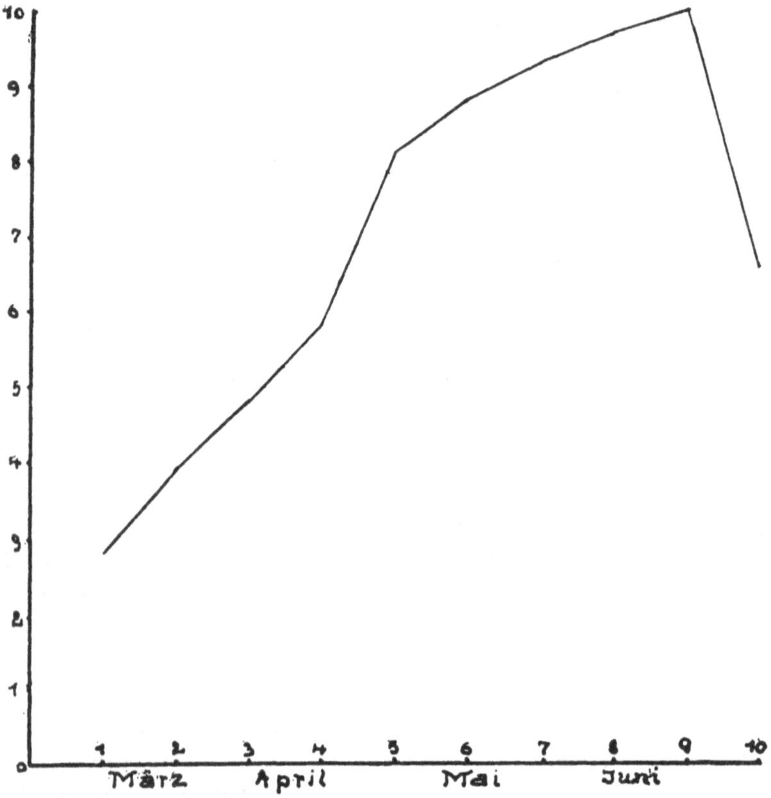

Ältere Pflanze am 30. III. ganz beschnitten.
Entwickelt bis 19. VI.

Ordinate: Durchschnittslänge der Internodien von sieben Trieben.
Abszisse: Ordnungszahl der Internodien.

Wir sehen hier wieder ein ganz anderes Bild. Die absoluten Werte der Internodienlängen und die Verteilung der Längen pro Trieb unterscheiden sich sehr deutlich von den Bestimmungen des vorhergehenden Versuches und doch war die Pflanze im gleichen Jahre bei ähnlichen Temperatur-, Feuchtigkeits- und Lichtverhältnissen gewachsen. Aber die Entwicklung aus schlafenden Knospen eines älteren Stammes hat eine sehr viel langsamere Steigerung der Internodienlänge bewirkt. Im Durchschnitt zeigt sich eigentlich überhaupt noch keine Abnahme, da die letzten Internodien noch gar nicht ausgewachsen waren. Das Maximum lag in der Mehrzahl der Fälle in der Nähe der Spitze.

Triebe mit Längenperiode.

Um eine Längenperiode zu erhalten, wie sie den Jahrestrieben unsrer Kräuter, Stauden und Bäume entspricht, genügt es, die Lantanapflanzen den gleichen Lebensbedingungen auszusetzen, unter denen unsre einheimischen Gewächse leben: man kultiviert die Lantanapflanzen draußen im Freien oder im Kalthaus.

Einige Beispiele:

1. Steckling. Am 13. 5. 17 bewurzelt in kleinem Topf mit Erde ins Freie der direkten Sonne ausgesetzt. Abends und morgens begossen. Der Vegetationspunkt war zerstört. Es entwickelten sich zwei Seitensprosse. Das Wachstum war sehr langsam. Im Juni traten Infloreszenzen sichtbar aus den Achseln der oberen Blätter hervor.

Länge der Internodien in cm: Trieb A: 2,6; 2,5; 2,8; **3,3**; 2,9; 2,2. Trieb B: 2,5; 2,9; 3,0; **4,0**; 2,4; 2,0.

Fig. 4

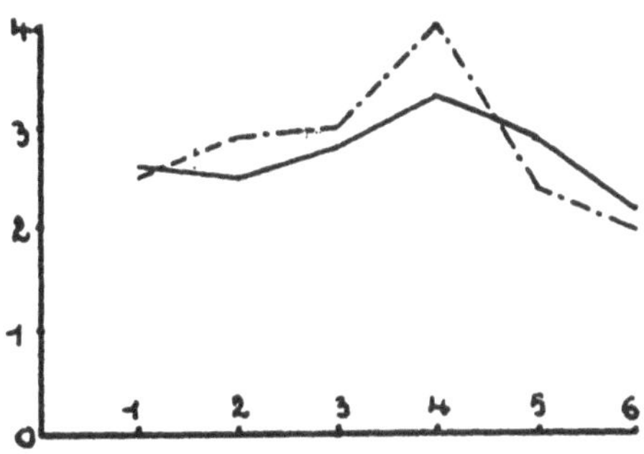

13. V. kleiner Topf mit Erde ins Freie. 2 Seitensprosse.
Kurve ———— Trieb A
Kurve —·—·—·— Trieb B

Ordinate: Internodienlängen in cm
Abszisse: Ordnungszahl der Internodien.

Wachstumsmessungen an Trieb B:

Vom 9. 6—29. 7 von 0,6—3,0 cm. 50 Tage. pro Tag 0,05 cm.
Vom 21. 6—15. 7 von 0,5—4,0 cm. 24 Tage. pro Tag 0,15 cm.
Vom 3. 7—25. 7 von 0,6—2,4 cm. 22 Tage. pro Tag 0,08 cm.
Seit 11. 9. 17 kein Wachstum mehr. (Siehe Figur 9 S. 26.)

2. Steckling am 25. 3. 17 im Gewächshaus. Am 5. 4. Glasgang, sonnig, nicht geheizt. Am 28. 10. wurden folgende Internodienlängen in cm gemessen: 3,4; 2,9; 2; 3,1; 6,2; **8,3**; 7,3; 6,1; 3,3; 4,6; 4,8; 3,6; 2,9; 2,8.

Fig. 5

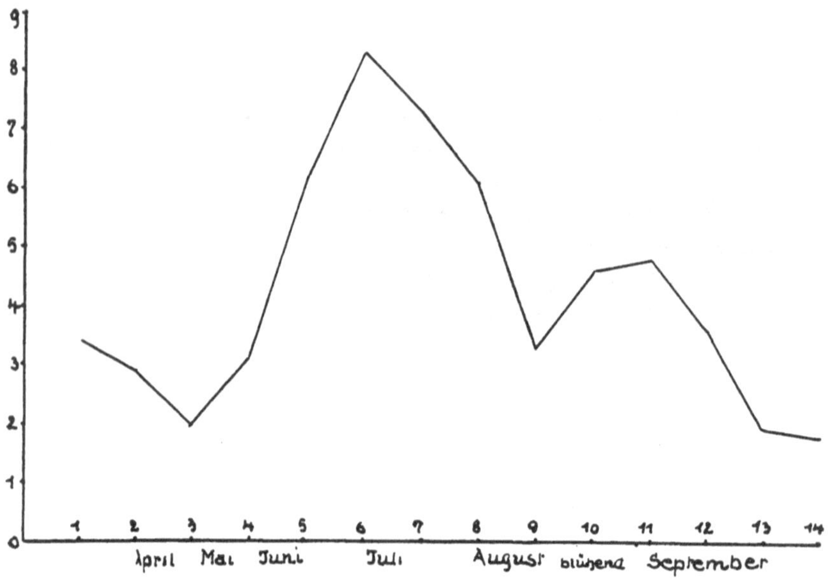

25 III. Erde — 3. IV. Gang — Entwicklung bis 28 X

Ordinate: Internodienlängen in cm
Abszisse: Ordnungszahl der Internodien

3. Steckling einer Seitenknospe am 25. 2. 17 in 0,1 %ige Knop-Lösung. Am 13. 3. in Erde, Kalthaus ungeheizt.

Am 10. 9. 17 wurden folgende Internodienlängen in cm gemessen: 0,6; 1,2; 3,1; 2,6; 3,5; 7,8; 8,7; 8,8; **10,3**; 6,6; 1,3.

Fig. 6

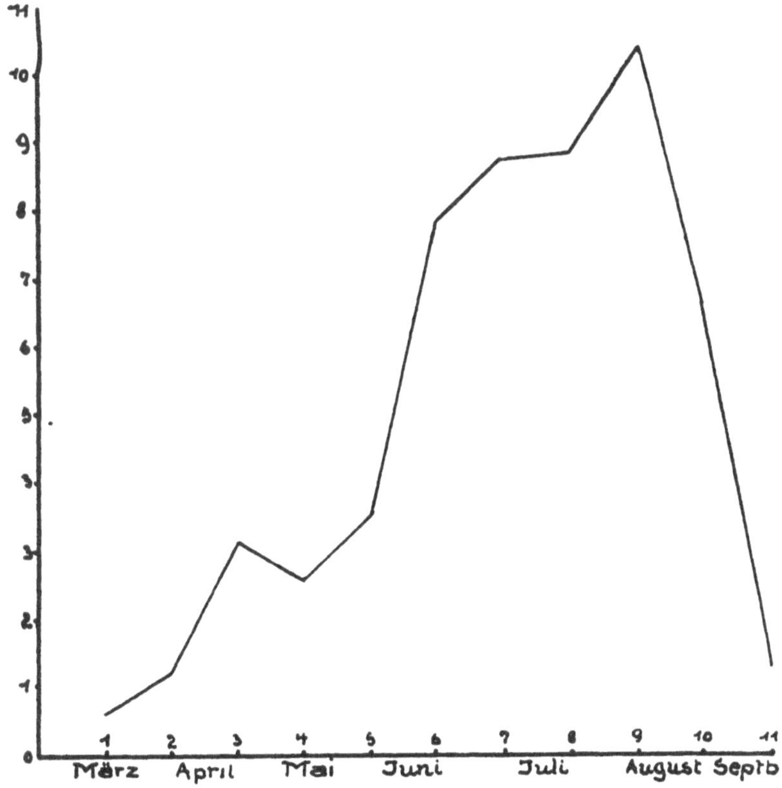

13. III. Erde - Kalthaus. Steckling einer Seitenknospe.
Nicht zur Blüte kommend.
13. III — 10. IX.

Ordinate: Internodienlänge in cm.
Abszisse: Ordnungszahl der Internodien.

4. Steckling zuerst in Wasser. Am 15. 5. 17 in Erde, am 21. 5. frei auf dem Versuchsbalkon der Sonne ausgesetzt, doch nicht solange wie vorher. Erde feucht gehalten. Die Infloreszenzen wurden jung entfernt.

Länge der alten Internodien in cm: 7,5; 3,5. Länge der neuen Internodien in cm: 1,9; 1,6; 1,5; **2,0**; 2,0.

Das Wachstum war sehr langsam.

Vom 21. 5.— 7. 6. von 0,6—1,6 cm. 17 Tage. pro Tag 0,06 cm.
Vom 7. 6.—21. 6. von 0,6—1,5 cm. 14 Tage. pro Tag 0,06 cm.
Vom 19. 6.— 5. 7. von 0,5—2,0 cm. 16 Tage. pro Tag 0,09 cm.
Vom 1. 7.—21. 7. von 0,4—2,0 cm. 20 Tage. pro Tag 0,08 cm.

Am 24. 7. wurde die Pflanze vorsichtig in großen Topf mit neuer Erde gesetzt. Neue Internodienlängen in cm: 3,6; 4,8; 4,4; 4,3; 2,0.

Fig. 7

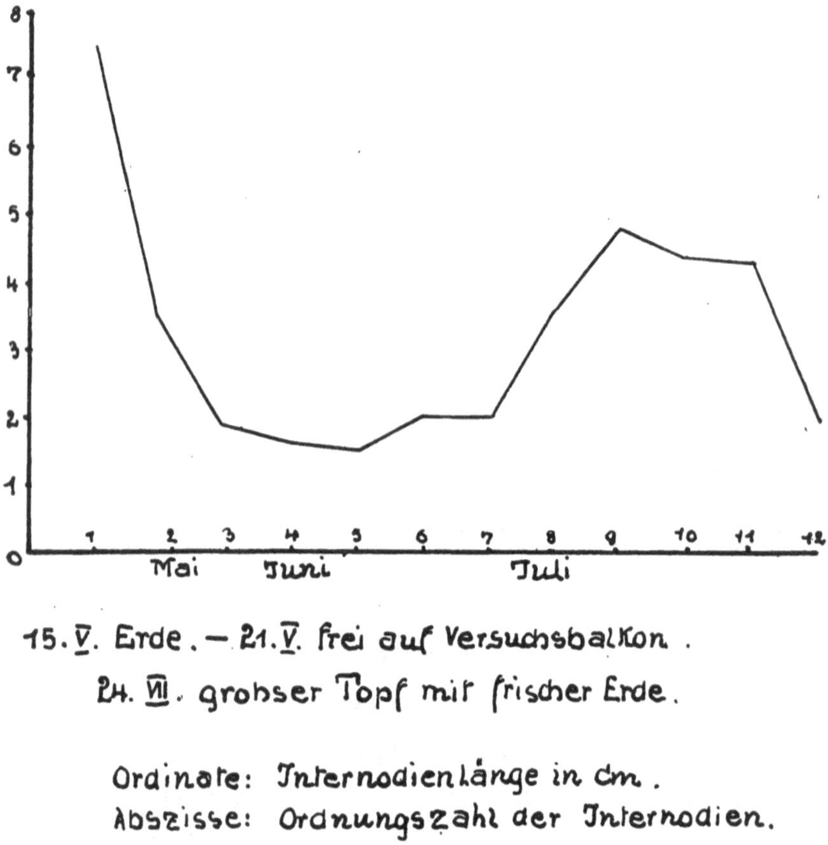

Die Versetzung in frische Erde hatte einen deutlichen Einfluß auf die Verlängerung der Internodien, wenn auch schließlich Abnahme eintreten mußte. Der Stillstand des Wachstums der besprochenen Lantanapflanzen ist in erster Linie bedingt durch die Abnahme der Temperatur. Die Versuchspflanze stand bis zum 2. 11. draußen. In einigen Nächten war die Temperatur bis auf wenige Grad über Null gefallen. Die Laubblätter wurden abgeworfen und die Spitze mit zwei kleinen Blättern ging in eine merkliche Ruhe über. Als die Pflanze in den elektrischen Lichtraum gebracht wurde, verblieb sie in ihrer Ruhe, während die Pflanze vom Versuch 1 dieser Reihe, die aus dem Freilande am 22. 9. in das noch ungeheizte, aber durch die Sonne etwas erwärmte Gewächshaus gebracht wurde, nach einigen Tagen merklich zu wachsen anfing.

Änderungen der Internodienlänge und der Längenperiode.

Alle äußeren Faktoren, die überhaupt auf Lebensvorgänge einwirken, verändern auch das Längenwachstum und, wie wir zeigen werden, auch die Längenperiode der Internodien. Die große Schwierigkeit, die Wirkungen der einzelnen Faktoren genauer zu erkennen, liegt bei dieser Untersuchung in der langen Dauer, während welcher es nicht einmal im Groben möglich ist, die Faktoren konstant zu erhalten und nur einen einzigen zu variieren. Man wird sich zunächst damit begnügen müssen, starke Veränderungen in der Intensität der Faktoren auszumerzen, um einen sicheren Einfluß festzustellen, so daß die Fehlerquelle verschwindet.

Temperatur.

Die Wirkung der Temperatur auf das Wachstum ist seit langer Zeit untersucht worden. Genaueres bei PFEFFER, ebenso bei JOST (1913 S. 399 bis 403). Im allgemeinen folgt die Einwirkung der Optimum-Regel von SACHS. Bis zum Optimum konnte VAN T'HOFF die Regel nachweisen, nach der eine Erhöhung der Temperatur um 10 ^{0} eine Steigerung der Reaktionsgeschwindigkeit des Wachstums um das 2—3fache bewirkt. Sehr wenig untersucht ist aber der Einfluß der Temperatur auf die Länge der Internodien, doch gibt POPOVIČI (1900 S. 33) an, daß bei niedriger Temperatur die Internodien nur kurz bleiben. Das stimmt mit den von mir beobachteten Tatsachen durchaus überein. Die vorher erwähnte, im September bis Oktober bei Kultur im Freien eintretende Verkürzung ist bedingt durch niedrige Temperatur, denn zu dieser Zeit ist die Feuchtigkeit der Luft relativ groß, und die Abnahme der Lichtintensität hätte eher eine Erhöhung der Streckung bewirken müssen. Der Beweis wird geliefert durch die Pflanze 1 Seite 15, die Anfang September im Freien das Wachstum einstellte, die dann am 22. 9. in das noch nicht geheizte, aber doch durch das sonnige Wetter tagsüber erwärmte Gewächshaus kam. Es entstanden neue Internodien von folgender Länge in cm: Trieb A 0,9; 1,8; 2,5; 3,3. Trieb B 0,7; 1,2; 2,7; 3,6. Bei schwacher Erwärmung also langsame Wiederaufnahme des Wachstums und in der verhältnismäßig niedrigen Temperatur Ausbildung zwar neuer, aber nur kurzer Internodien. Allerdings dürfte für die Langsamkeit des Wachstums auch in Betracht kommen, daß die Erde in dem kleinen Topf nicht gewechselt wurde.

Wasser und Nährsalze.

Die Wirkung der Feuchtigkeit des Bodens und der Luft auf das Wachstum und die dabei auftretenden Veränderungen der Form sind von zahlreichen Forschern untersucht worden. Im allgemeinen ruft Feuchtigkeit der Luft wie des Bodens eine starke Verlängerung der Internodien hervor und eine relativ große Trockenheit gewöhnlich eine Verkürzung. Jedoch meist ist in beiden Fällen die Aufnahme der Nährsalze in schwer zu trennender Weise mit der Wasseraufnahme verbunden. Wenn Wasser und Nährsalze in sehr beträchtlicher Menge der Pflanze zur Verfügung stehen zugleich mit guter Beleuchtung und Temperatur, so befinden sich die Pflanzen, wie BERTHOLD (1904 S. 191) sagt, im Zustande der Mast, und er spricht davon, daß auch die bloße Zufuhr eines Übermaßes von Wasser zu solcher mastigen Entwicklung führen kann. Den größten Gegensatz bildet die durch Mangel an Wasser und wohl auch durch beschränkte Aufnahme von Nährsalzen bewirkte Verzwergung, bei der die Internodien kürzer und dünner werden, die Verzweigung fortfällt usw. (l. c. S. 192). In ausgesogenem Boden kultiviert, andauernd nur mit Regenwasser begossen, bildeten Stecklinge von Pelargonium zumal im Sommer und Winter auffallend dicke Stengel mit kurzen Internodien, während bei Exemplaren, die mit Nährsalzen reichlich versehen waren, die Internodien 3—4 cm lang wurden (S. 193). Der Mangel an Nährsalzen allgemein oder an irgendeinem wesentlichen Salz bewirkte ebenso morphologisch ausgebildete Exemplare. Die Internodien von Elodea waren infolge Kalkmangels sehr kurz (BENECKE 1898). Halme von Weizen blieben bei Kultur in salpetersaurem Kali und Kalk gehemmt gegenüber den Blättern, wurden dagegen in Lösungen von Chloriden und Phosphaten gefördert, während die Blätter klein blieben (GERNECK 1902 S. 135).

Reines Wasser.

Da Stecklinge von Lantana keine beträchtlichen Reservestoffe besitzen, vermögen sie in reinem Wasser erst in 8—14 Tagen Wurzeln zu bilden. Das Längenwachstum der Internodien an der Spitze ist wesentlich gehemmt. Wenn auch in der ersten Zeit eine kümmerliche Verlängerung eintritt, so hört sie doch bald auf. Wochen- und monatelang können die Stecklinge in Ruhe verharren, bis schließlich der Vegetationspunkt von unten abstirbt.

Nährlösung.

Ich benutzte zum Teil KNOP-Lösung, zum Teil v. D. CRONEsche Lösung. Die Gefäße, in die die Stecklinge gestellt wurden, enthielten ca. 200 ccm Lösung und standen im Gewächshaus.

Zunächst gebe ich die Resultate von drei gleichzeitig angestellten Versuchen vom 18.5.17 in Wasser, 0,1 %iger und 1 %iger Knop-Lösung. Im Schwitzkasten herrschte eine Temperatur von 25—30°. Die Feuchtigkeit war, abgesehen von den Mittagsstunden, bei sonniger Beleuchtung 80—90°.

Versuch 1. Wasser. Internodienlänge in cm: 5,2; 1,1; 0,2. Das erste Internodium war ausgewachsen. Wurzeln nach 10 Tagen. Bis 30. 5. Länge der letzten zwei Internodien: 1,2 und 0,2 cm.

Wachstum:

Internodium 1 vom 1. 6.—13. 6. von 1,2—3,9 cm. 12 Tage. pro Tag 0,22 cm.
Internodium 2 vom 1. 6.—29. 6. von 0,2—2,9 cm. 28 Tage. pro Tag 0,09 cm.
Internodium 3 vom 21. 6.— 9. 7. von 0,3—1,4 cm. 18 Tage. pro Tag 0,05 cm.

Kein Wachstum mehr. Am 15. 7. in v. d. Crone-Lösung:

Internodium 3 vom 23. 7.—2. 8. von 1,4—1,8 cm. 10 Tage. pro Tag 0,04 cm.
Internodium 4 vom 23. 7.—8. 8. von 0,4—2,0 cm. 16 Tage. pro Tag 0,1 cm.

Am 6. 8. wurde die Pflanze in den hellen Glasgang gestellt. Es hatte sich entwickelt: Internodium 5 vom 6. 8.—11. 9. von 0,2—1,2 cm, doch wurde das Ende des Wachstums nicht genau festgestellt. Weiterhin kein Wachstum mehr. Die v. d. Cronesche Lösung hat demgemäß nur ein sehr schwaches Wachstum hervorgerufen. Im Laufe des Oktober wurden die Blätter gelb. Ein Teil der Wurzeln war bis zum Oktober schwärzlich. Daneben eine Anzahl weißer Wurzeln.

Versuch 2. 18. 5. 17 in 0,1 %ige Knop-Lösung. Letztes großes Internodium 8,1 cm, bis 22. 5. auf 8,6 cm gewachsen und damit ausgewachsen. Nach 10 Tagen kräftige Wurzeln.

Wachstum:

Internodium 1 vom 18. 5.—11. 6. von 2,2—4,8 cm. 24 Tage. pro Tag 0,1 cm.
Internodium 2 vom 18. 5.—19. 6. von 0,2—3,5 cm. 32 Tage. pro Tag 0,1 cm.
Internodium 3 vom 9. 6.—21. 6. von 0,3—1,2 cm. 12 Tage. pro Tag 0,07 cm.
Internodium 4 vom 21. 6.—15. 7. von 0,4—1,0 cm. 24 Tage. pro Tag 0,03 cm.

Am 15. 7. wurde die Pflanze in v. d. Cronesche Lösung übergeführt. Die Wurzeln starben ab. Darauf in Erde, Spitze zufällig abgebrochen.

Versuch 3. 18. 5. 17 in 1 %ige Knop-Lösung. Letztes Internodium 12 cm lang, ausgewachsen.

Wachstum:

Internodium 1 vom 18. 5.—13. 6. von 2,9—3,7 cm. 26 Tage. pro Tag 0,03 cm.

Am 13. 6. erste Wurzeln.

Internodium 2 vom 18. 5.—1. 7. von 0,3—1,6 cm. 43 Tage. pro Tag 0,04 cm.

Internodium 3 vom 21. 5.—5. 7. von 0,4—1,2 cm. 44 Tage. pro Tag 0,02 cm.

Internodium 4 vom 29. 5.—5. 7. von 0,3—0,8 cm. 36 Tage. pro Tag 0,01 cm.

Seit 5. 7. kein Wachstum mehr, auch keine jungen Wurzeln.

In der Nährlösung von 0,1 und 1 % Knop-Lösung dauerte das Wachstum der Internodien deutlich länger als in Wasser, aber verlief ungemein langsam, besonders in 1 %iger Lösung. Es hörte nach 1½ Monaten völlig auf.

Versuch 4. Ein in Wasser bewurzelter, nicht mehr wachsender Steckling wurde am 29. 6. in v. d. Cronesche Lösung in den Schwitzkasten gestellt. Das jüngste und das zweitjüngste, 1,4 cm lange Internodium zeigten kein Wachstum mehr.

Wachstum:

Internodium 1 vom 1. 7.—9. 7. von 0,6—1,1 cm. 8 Tage. pro Tag 0,06 cm.

Internodium 2 vom 5. 7.—23. 7. von 0,4—5,2 cm. 18 Tage. pro Tag 0,27 cm.

Internodium 3 vom 15. 7.—29. 7. von 0,6—4,3 cm. 14 Tage. pro Tag 0,26 cm.

Internodium 4 vom 23. 7.—8. 8. von 0,6—4,4 cm. 16 Tage. pro Tag 0,24 cm.

Am 29. 7. war frische Lösung gegeben worden. Im September starb die Spitze ab. Der in Wasser bewurzelte Steckling hatte augenscheinlich ein besseres Wachstum als der unter den Umständen des Versuches bewurzelte Steckling vom Versuch 1 dieser Reihe. Es war auch besser als das Resultat mit Lösung nach Molisch mit Dikaliumphosphat.

Versuch 5. Am 2. 7. 17 wurde ein in H_2O bewurzelter, aber nicht mehr wachsender Steckling in 200 ccm Molisch-Lösung in das Gewächshaus gestellt. Das letzte ausgewachsene Internodium war 3,6 cm lang. Das nach oben folgende 1,7 cm lange Internodium streckte sich auch nicht weiter. Das dritte 0,5 cm lange Internodium wuchs nur bis 0,6 cm. Nach Entstehung neuer Wurzeln trat vom 12. 7. ab deutliches Wachstum ein:

Internodium 1 vom 12. 7.—22. 7. von 0,8 auf 2,1 cm. 10 Tage. pro Tag 0,13 cm.

Internodium 2 vom 16. 7.—3. 8. von 0,4 auf 2,8 cm. 18 Tage. pro Tag 0,13 cm.

Seit 9. 8. kein Wachstum mehr. Die Wurzeln sahen noch gesund aus.

Versuch 6. Zwei Triebe.

a) Der eine am 25. 7. in Wasser. Das eine Internodium wuchs von 0,5 cm auf 1,1 cm im August. Das jüngste Internodium war am 22. 9. 0,4 cm lang und wuchs nicht mehr.

b) Der andere Trieb am 25. 7. in v. d. Crone-Lösung. Das jüngste Internodium wuchs bis Mitte September von 0,9 auf 4,1 cm.

Am 22. 9. kein Wachstum mehr. Frische Lösung. Ein Internodium wuchs vom 28. 9.—14. 10. von 0,5 auf 1,2 cm und das jüngste bis auf 1,5 cm.

Im allgemeinen erlaubt die Kultur in Nährlösung zwar ein gewisses Wachstum, aber die Internodien bleiben doch im besten Falle relativ kurz (Maximum 4—5 cm). Das Wachstum hörte nach einigen Wochen vollständig auf, trotz des Vorhandenseins von weißen lebenden Wurzeln und noch unverbrauchter Nährlösung. Will man Pflanzen zu neuem Wachstum erwecken, so braucht man sie nur in frische Erde zu versetzen.

Kultur in ungereinigtem Flußsand.

Als Beispiel für einen an Nährsalzen sehr armen Boden nahm ich gewöhnlichen Flußsand, in den am 12. 5. 17. ein Steckling mit Wurzeln, aus dem Kalthaus in Erde stammend, gesetzt wurde. Seine Höhe war 13 cm, die Länge der letzten ausgewachsenen Internodien war 6 und 3,8 cm.

Wachstum:

Internodium 1 vom 13. 5.—22. 5. von 1,8—3,2 cm. 9 Tage. pro Tag 0,15 cm.

Internodium 2 vom 13. 5.—2. 6. von 0,4—3,1 cm. 20 Tage. pro Tag 0,13 cm.

Internodium 3 vom 27. 5.—15. 6. von 0,5—2,6 cm. 19 Tage. pro Tag 0,11 cm.

Internodium 4 vom 7. 6.—25. 6. von 0,4—3,6 cm. 18 Tage. pro Tag 0,18 cm.

Internodium 5 vom 21. 6.—11. 7. von 0,6—3,8 cm. 20 Tage. pro Tag 0,16 cm.

Internodium 6 vom 5. 7.—27. 7. von 0,6—3,8 cm. 22 Tage. pro Tag 0,15 cm.

Internodium 7 vom 21. 7.—10. 8. von 0,5—2,9 cm. 20 Tage. pro Tag 0,12 cm.

Internodium 8 vom 10. 8.—16. 9. von 0,8—2,3 cm. 37 Tage. pro Tag 0,04 cm.

Internodium 9 vom 11. 9.—6. 10. von 0,4—1,8 cm. 25 Tage. pro Tag 0,05 cm.

Fig. 8

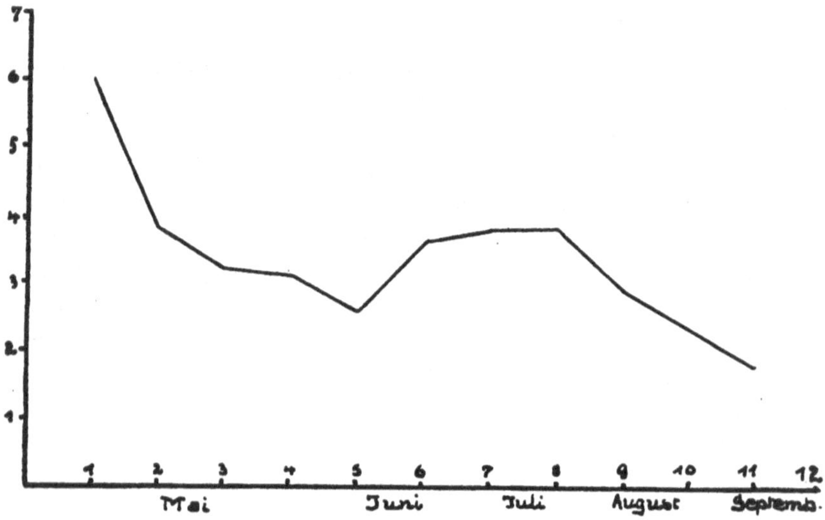

Seit 12. V. in Sand bis 6. X.

Ordinate. Internodienlänge in cm.
Abszisse: Ordnungszahl der Internodien.

Es entwickelte sich eine Infloreszenz bis zur Blüte. Kein Wachstum mehr im Oktober, die Blätter gelb abfallend. Das Wachstum war von Mai bis Juli langsam, aber relativ sehr gleichmäßig, ein schwacher Höhepunkt im Juni. Die Längenzunahme vom 12. 5.—6. 10., d. h. in 4¾ Monaten, betrug 25,3 cm. Schließlich erfolgte Abnahme des Wachstums infolge Nährsalzmangels bis zum Stillstand. Jedenfalls aber ist die Kultur in solchem nährstoffarmen Sand besser als in Nährsalzlösung.

Nährsalze in Verbindung mit dem Boden.

Die eigentliche Wirkung der Nährsalze auf das Wachstum und die Längenperiode tritt erst hervor bei ihrer Verbindung mit einem festen Boden. Ich habe die Frage nicht näher geprüft, warum das Wachstum in Nährlösung relativ so gering ist und nach einiger Zeit aufhört. Der erste Gedanke wäre der an eine zu geringe Zufuhr von Luft zu den Wurzeln. Allerdings hätte man dann erwarten sollen, daß die Wurzeln absterben und faulen, was doch nicht oder nur in geringem Maße der Fall war. Ferner ist Lantana eine Pflanze, die in ständig feuchtem Boden gut wächst, nicht nur in der Tropennatur in der Regenperiode, sondern auch im warmen Gewächshaus während des Winters. Bei meinen Versuchen im Lichtraum stand der Topf direkt im Wasser. Immerhin kann doch in solcher Erde den Wurzeln etwas mehr Luft zur Verfügung stehen und zweifellos waren bei meinen Kulturen im Sommer zeitweiliger Wassermangel und Luftreichtum sehr förderlich. Die Frage kann nur in einer besonderen Untersuchung geprüft werden. Jedenfalls ist es eine Tatsache, daß erst in Verbindung mit einem feuchten, aber nicht feuchtgesättigten Boden das Wachstum am lebhaftesten ist. Der außerordentliche Einfluß genügender Nährsalzzufuhr auf das Gesamtwachstum von Lantana geht am klarsten aus folgendem Versuch hervor.

Versuch im Warmbeet.

Steckling am 23. 3. 17 in Erde. Am 4. 4. 17 ins Warmbeet. (Fig. 9.)

Am 20. 9. 17 wurde die Pflanze aus dem Warmbeet genommen und ausgemessen. Hauptstamm 13 cm hoch. Durchmesser 2,8—3 cm. Umfang 11 cm.

Es waren gebildet:

	Gesamtlänge in cm	Zahl der Internodien	Durchschnittslänge der Internodien in cm
2 Zweige erster Ordnung:			
A	41,4	6	6,9
B	144,5	19	7,6
Zweig A mit			
8 Zweigen zweiter Ordnung	518,8	67	7,7
40 Zweigen dritter Ordnung	1917,3	304	6,3
55 Zweigen vierter Ordnung	751,9	177	4,3
Zweig B mit			
19 Zweigen zweiter Ordnung	839,4	134	6,3
41 Zweigen dritter Ordnung	858,2	185	4,8
8 Zweigen vierter Ordnung	12,0	8	1,5
Gesamtlänge aller Zweige	5083,5	900	
Und zwar Zweig A	3229,4	554	
Zweig B	1854,1	346	

Fig. 9. Große Pflanze: Steckling 23. 3. 17 Erde. 4. 4. 17 Warmbeet. Photographiert am 20. 9. 17. Kleine Pflanze im Topf: Steckling 18. 5. 17. Erde, bewurzelt in kleinem Topf ins Freie. Höhe des Topfes 10,7 cm, oberer Durchmesser 10 ccm. Inhalt 500 ccm. Erde. Versuch von Seite 15 u. 16.

Dazu betrug die Zahl der Infloreszenzen:

Zweig A: 574.
Zweig B: 401.
Zusammen: 975.

Konstruktion von Durchschnittskurven für die Internodienlängen der Zweige der verschiedenen Ordnungen ergab überall das deutliche Bild von Maximumkurven (physiologisch: Optimumkurven, Galtonkurven). Das Maximum liegt entweder genau in der Mitte wie bei der Kurve der Zweige 4. Ordnung oder in die zweite Hälfte verschoben, wie bei der Kurve der Zweige 3. Ordnung, oder es bildet sich vor und hinter der Kurvenmitte ein leichtes Maximum. Die Endwerte sind stets niedriger als die Anfangswerte. Das liegt offenbar daran, daß die letzten Internodien noch im Wachstum begriffen waren, während die ersten Internodien so gut wie ausgewachsen waren. Der verhältnismäßig geringe Durchschnittswert für die Internodien der Zweige 4. Ordnung, besonders von Zweig B, ist darauf zurückzuführen, daß diese Zweige noch sehr jung und nicht ausgewachsen waren.

Auch die Kurven für die einzelnen Zweige ergaben schon dasselbe Bild, wenn auch natürlich mit stärkeren Störungen. Die Lage des Maximums war so verschieden, daß eine bestimmte Regel dafür nicht zu erkennen war. Vielfach war eins der mittleren Internodien das größte, häufig waren 2 Maxima vorhanden, vielfach lag das größte Internodium mehr nach der Basis oder umgekehrt nach der Spitze zu. In einigen Fällen war das basale Internodium das größte, in anderen das letzte Spitzeninternodium.

Veränderung der Längenperiode durch Nährsalze.

Zunächst wurden Pflanzen zu Versuchen benutzt, die in Nährlösung mit dem Wachstum aufgehört hatten, so daß die letzten Internodien kurz geblieben waren. Ich pflanzte sie in frische Erde und beobachtete ihr Wachstum.

1. Pflanze von Versuch 3 S. 22. 18. 5. 17. 1 %ige Knop-Lösung, seit Anfang Juli kein Wachstum mehr. Am 9. 7. in einen Topf mit Erde.

Neue Internodien von folgender Länge in cm: 0,8; 3,1; 3,4; 7,8; 9,7; **12,2**; 10,7; 7,1; 5,8; 9,9; 7,1. (Fig. 10.)

Erst deutliches Ansteigen im Laufe des August. Ende September und im Oktober dann abnehmend. Die Ursache kann liegen in der Abnahme der Nährsalze in Verbindung mit der Abnahme des Lichtes.

2. Pflanze vom Versuch 5 S. 22—23. Seit 2. 7. in Molisch-Lösung. Seit Anfang August kein Wachstum. 17. 9. frische Erde.

Neues Wachstum und Internodien von 2,9 und 2,5 cm Länge.

3. Steckling seit 12. 3 in 0,1 %iger KNOP-Lösung im Schwitzkasten. Er blieb lange Zeit sich selbst überlassen. Das Wachstum hatte aufgehört.

Fig. 10

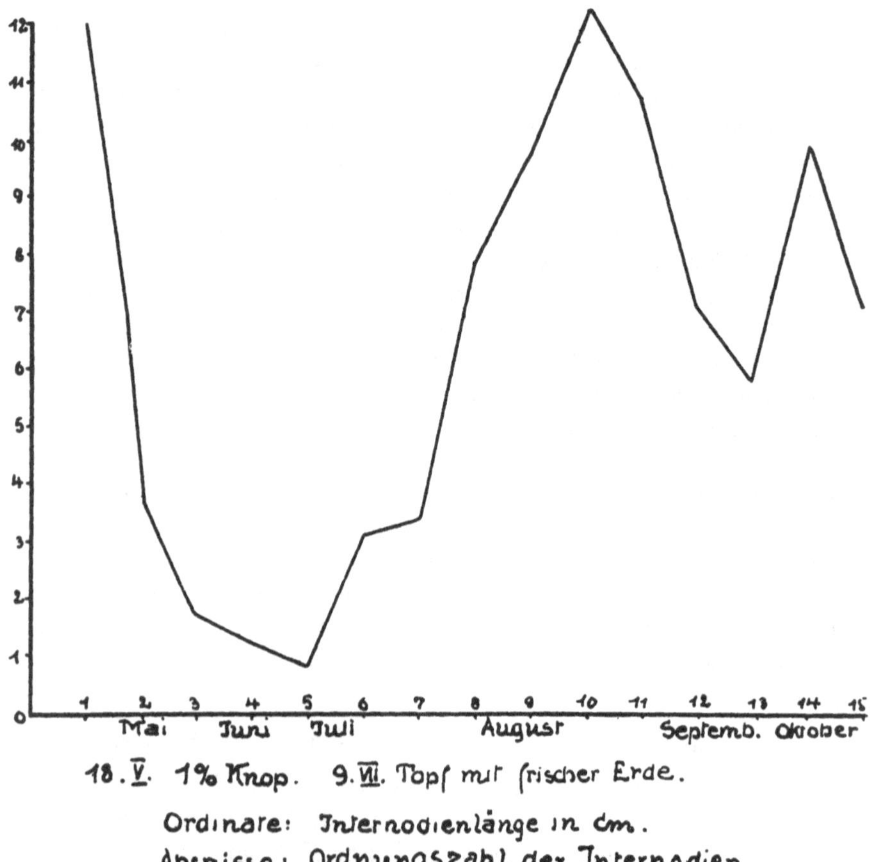

Am 9. 7. in einen Topf mit frischer Erde. Die Länge der früheren Internodien in cm war: **6,0**; 2,6; 2,8; 1,4; 0,9.

Neues Wachstum folgender Internodien, Länge in cm: 1,4; 2,5; 3,3; 3,5; 4,1; 3,9; 4,8; **7,0**; 2,0 (Fig. 11.)

Langsames Ansteigen. Dann im Oktober plötzliches Sinken und ein äußerst geringes Wachstum des jüngsten Internodiums vom 30. 10. bis 15. 11. von 0,3 auf 0,7 cm. Hier mußte ein besonderer Grund vorliegen, und zwar mußte er in der Erde liegen, da ein anderer Steckling im gleichen Gewächshaus gut fortwuchs.

4. Steckling seit 14. 1. 17 in 0,1 %iger KNOP-Lösung, dann in Wasser. Allmählicher Stillstand des Wachstums. 16. 7. frische Erde. Länge der früheren Internodien in cm: 2,7; 5,1; **6,8**; 1,8; 1,0.

Neues Wachstum vom Juli bis 11. 11. Internodienlänge in cm: 1,8; 3,3; 5,5; 8,0; 9,2; 8,6; **10,6**; 9,7; 7,4.

Am 11. 11. kalt gestellt.

Fig. 11

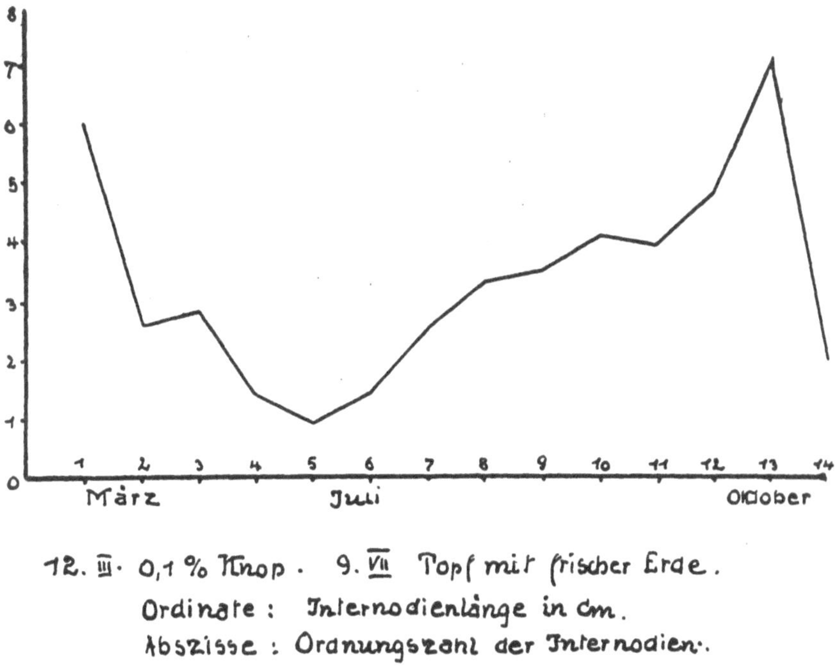

Geht aus diesen Versuchen hervor, wie begünstigend der Nährsalzgehalt des Bodens auf das Wachstum und auf die Förderung der Internodienlängen einwirkt, so zeigt das Resultat des Versuches S. 19, daß mangelnder Nährsalzgehalt des Bodens bei Bedingungen, die sonst Wachstum gestatten würden, im Gewächshaus als ein das Wachstum begrenzender Faktor wirkt. Die Pflanze war im Freien infolge Temperaturabnahme zur Ruhe gekommen, hatte im etwas erwärmten Gewächshaus ihr Wachstum, wenn auch langsam wieder aufgenommen, hatte aber bald doch wieder ihr Wachstum eingestellt, da die Erde im Topf nicht gewechselt worden war.

Versuch mit Einschränkung der Wasser- und Nährsalzaufnahme durch Einknicken des Stengels.

An einer kräftigen Pflanze mit abgeknickter Spitze wurde ein kräftiger Seitentrieb an der Basis eingeknickt, so daß er herunterhing. Das unterste Internodium war 6,3 cm lang. Länge der neuen Internodien in cm: 4,5; 3,7; 4,7; 5,5; 4,3; 4,5; 2,2; 2,6; 4,2.

Inzwischen hatte sich der Zweig geotropisch aufwärts gekrümmt. Währenddessen hatten sich zwei andere Triebe des alten Stammes entwickelt.

Das Wachstum war im Vergleich zu den gleichzeitig beobachteten Pflanzen durchschnittlich gering. Die Internodienlänge blieb unter dem Durchschnitt von 5 cm. Die auffallend starke Abnahme im August steht wahrscheinlich in Verbindung mit der Entwicklung einer Infloreszenz.

Licht.

Eines der allgemeinsten Ergebnisse der zahlreichen Untersuchungen über den Einfluß des Lichtes bzw. der Dunkelheit auf das Wachstum der Stengel besteht in dem Nachweis, daß das Licht das Wachstum einschränkt, Dunkelheit aber befördert. Mc Dougal (1903) hat jedoch auf Ausnahmen von der Regel aufmerksam gemacht. Die etiolierten Zweige von Buchen, ebenso von Rhusarten zeigen keinen deutlichen Unterschied gegenüber belichteten (l. c. S. 240). Auch einjährige Triebe verschiedener Pflanzen, wie Aster divaricatus, verlängern sich in Dunkelheit nicht. Kühlborn hat für Aster punicum, Syringa vulgaris im Dunkeln kürzere Triebe als im Licht beobachtet. Abgesehen von solcher spezifischen Verschiedenheit kommt es, wie schon Sachs 1887 klar hervorgehoben hat, sehr wesentlich auf den Nahrungsvorrat der im Dunkeln lebenden Pflanzen an, wenn auch Mc Dougal dagegen einwendet, daß manche Pflanzen im Dunkeln sehr früh mit dem Wachstum aufhören, bevor der Nahrungsvorrat erschöpft ist. Die Schwierigkeit in der Beurteilung der Lichtwirkung liegt in der ständigen Mitwirkung der anderen Faktoren wie Feuchtigkeit, Temperatur, Bodenbeschaffenheit.

Lantana gehört zu jenen Pflanzen, die, wie manche anderen tropischen Gewächse, durch Lichtabschluß rasch leiden, sei es, weil sie nicht genügende Nährstoffe in Vorrat aufspeichern, sei es, weil sekundäre Prozesse eingeleitet werden, die zu einer schnellen Entstärkung führen.

Wenn man eine junge Pflanze in warme feuchte Dunkelheit bringt, so hört in wenigen Tagen das Wachstum der Internodien auf. Die Blätter werden bräunlich und fallen ab.

Steckling in Erde seit 16. 5. 17. Am 21. 5. verdunkelt.

Wachstum der letzten Internodien:

1. von 3,7—4,2 cm bis 24. 5.
2. von 2,3—2,6 cm bis 25. 5.
3. von 0,2—0,4 cm bis 25. 5.

Blätter absterbend. Kein Wachstum mehr. Der Beweis, daß das geringe Wachstum der Internodien wesentlich nur von der Nahrungsarmut der Pflanze abhängt, ließ sich dadurch führen, daß eine ältere Pflanze mit kräftigem Stamm zu einem Versuch genommen wurde. Sie wurde aller Triebe beraubt, in frische Erde gesetzt und am 19. 6. 17 in den Dunkelraum vom Institutsgewächshaus II gestellt. Aus schlafenden Knospen entwickelten sich eine Anzahl Triebe mit ganz kleinen Blättern und relativ stark gestreckten Internodien. Am 14. 7. wurde ein kleiner Trieb fortgenommen; am 4. 8., d. h. nach 46 Tagen, betrugen die Internodienlängen in cm:

Trieb 1: 2,9; 7,5; **16,2**; 11,0; 0,3.
Trieb 2: 1,8; **9,4**; 4,4.
Trieb 3: 1,1; 5,0; **9,7**; 0,9.
Trieb 4: 1,0; **7,0**; 0,5.
Trieb 5: 0,6; **13,0**; 1,3.

Die jüngsten Internodien waren noch im Wachstum begriffen. (Fig. 12.) Wenn auch von den Internodien nicht die maximalen Längen erreicht wurden, die im Lichte auftreten können, so zeigen sich doch bei diesen Trieben relativ langgestreckte Internodien, etwa die zweiten oder dritten von der Basis aus.

Partielle Verdunkelung.

Von einer jungen kräftigen Pflanze wurde die Spitze durch ein Loch einer Schale gesteckt und mit etwas Baumwolle festgehalten. In die Schale kam Sand und darüber ein Dunkelzylinder. Beginn des Versuches 13. 5. 17 im Institutsgewächshaus II.

Wachstum der jüngsten Internodien:

vom 15. 5.—29. 5. von 1,8—8,6 cm. 14 Tage. pro Tag 0,48 cm.
vom 15. 5.—15. 6. von 0,2—7,8 cm. 31 Tage. pro Tag 0,24 cm.

Blätter gelblich. Die jüngsten Blätter abfallend. Vom 15. 6.—5. 7. hell gestellt.

Weiteres Wachstum:

vom 15. 6.—29. 6. von 0,8—1,8 cm. 14 Tage. pro Tag 0,07 cm.
vom 23. 6.— 7. 7. von 0,5—2,7 cm. 14 Tage. pro Tag 0,16 cm.
vom 29. 6.—15. 7. von 0,6—4,1 cm. 16 Tage. pro Tag 0,22 cm.

Am 5. 7. wieder verdunkelt.

Fig. 12

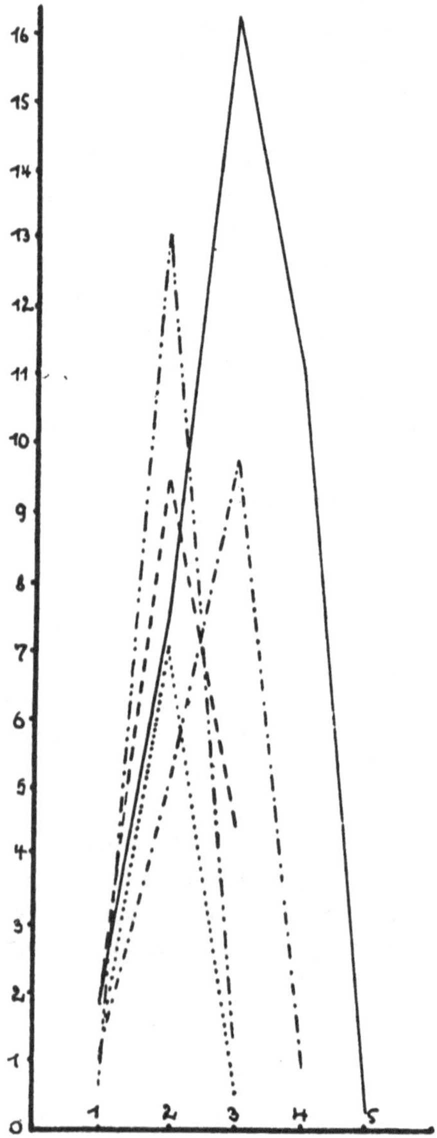

Entwicklung aus schlafenden Knospen im Dunkeln
19. VI. – 4 VIII. Dunkelraum im Institutsgewächshaus II.
5 Triebe.
Ordinate: Internodienlänge in cm.
Abszisse: Ordnungszahl der Internodien.

vom 3. 7.—23. 7. von 0,5—5,7 cm. 20 Tage. pro Tag 0,26 cm.
Blätter abfallend
vom 17. 7.—4. 8. von 0,5—3,5 cm. 18 Tage. pro Tag 0,16 cm.

Fig. 13

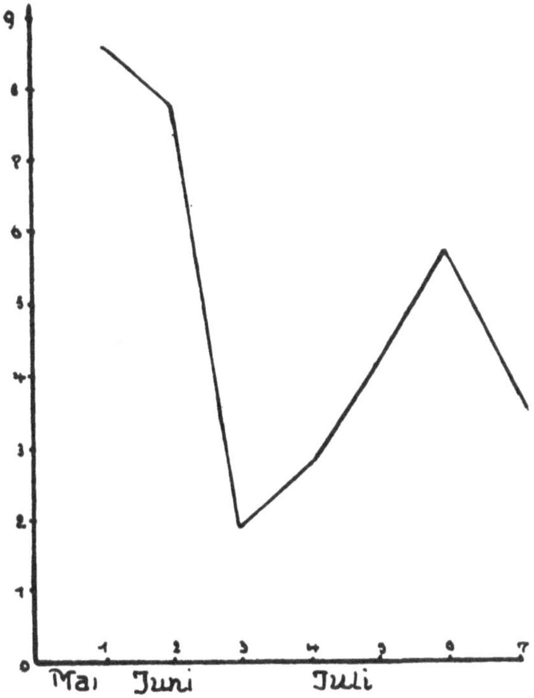

Spitze im Dunkeln am 13. V. Institutsgewächshaus II.
15. VI. – 5. VII. hell.
Ordinate: Internodienlänge in cm.
Abszisse: Ordnungszahl der Internodien.

Das Wachstum im Dunkeln ist in der ersten Zeit relativ lebhaft, pro Tag fast 0,5 cm, nimmt dann aber schnell ab. Die Blätter werden kränklich. An das Licht gestellt wird das Wachstum ein wenig besser, doch sehr langsam. Nach erneuter Verdunkelung wird das Wachstum anfangs wieder etwas lebhafter, verringert sich aber dann wieder, und alle Blätter fallen ab.

Im allgemeinen läßt sich sagen, daß der Aufenthalt im Dunkeln die Blätter sehr rasch zum Absterben bringt. Die im Licht gebildeten jüngsten Internodien können sich bei genügender Zufuhr von Nahrungsmaterial bei völliger oder partieller Verdunkelung stark strecken. Aber wenn die Pflanze unter gewöhnlichen Umständen kein Reservematerial aufgespeichert hat, so hört das Wachstum in Dunkelheit auf, und niemals gelang es, so stark gestreckte Internodien zu erhalten wie im Licht.

Die Abhängigkeit der Streckung der Internodien von der Assimilation der Blätter geht ebenso aus den Versuchen mit teilweiser Entblätterung hervor.

Entblätterung.

Einer kräftigen jungen Pflanze mit den Internodien folgender Länge in cm

2,4; **8,6**; 8,1; 4,9; 1,0

wurden an den obersten Knoten die Blätter am 12. 5. 17 entfernt. Am 15. 5. wurden auch die Blätter vom dritten Knoten fortgenommen. Das vierte Internodium wuchs von 4,9—5,4 cm, das fünfte von 1,0—3,1 cm. Weiter bildeten sich:

bis 23. 5. ein sechstes Internodium von 2,1 cm,
bis 11. 6. ein siebentes Internodium von 1,8 cm.

Währenddessen hatten sich am siebenten und achten Knoten neue Blätter entwickelt. Die nun heranwachsenden folgenden Internodien hatten folgende Länge in cm: 3,4; 4,6; 5,0; 5,9; 6,1; 6,0; **7,8**; 7,6; 3,1. (Fig. 14.) Am 25. 7 war zufällig beim Messen die Spitze etwas eingeknickt und die Einknickung hatte sofort die Entwicklung nur kurzer Internodien herbeigeführt.

Versuche in Gewächshäusern aus weißem, rotem und blauem Glas.

Die Gewächshäuser standen auf dem Balkon und im Sommer von mittags bis abends in direkter Sonne. An heißen Tagen wurden sie zur Mittagszeit durch eine Markise überschattet. Über die Durchschnittstemperaturen gibt folgende Übersicht Aufschluß:

Monat	Weiß		Rot		Blau	
	Min.	Max.	Min.	Max.	Min.	Max.
April	4,3	25,4	3,2	19	3,8	16
Mai	14,7	39,7	12,7	35,4	13,6	31,4
Juni	16,2	39,8	13,9	36,4	15,1	33
Juli	15,8	37,4	13,7	33,9	14,3	30,6
August	15,6	34,3	12,8	32,7	14,7	30,3
September	13,6	29,2	11,6	29,4	12,1	28,3

Die Feuchtigkeit in den farbigen Häusern betrug 80—90 %, in direkter Sonnenbeleuchtung auf 60—70 % sinkend. Im weißen Hause sank die Feuchtigkeit während des Tages von 70 % auf 45 %, stieg gegen Abend an bis zur Sättigung nachts. Gegenversuche wurden frei auf dem Balkon angestellt. Die Töpfe wurden sehr regelmäßig begossen.

Fig. 14

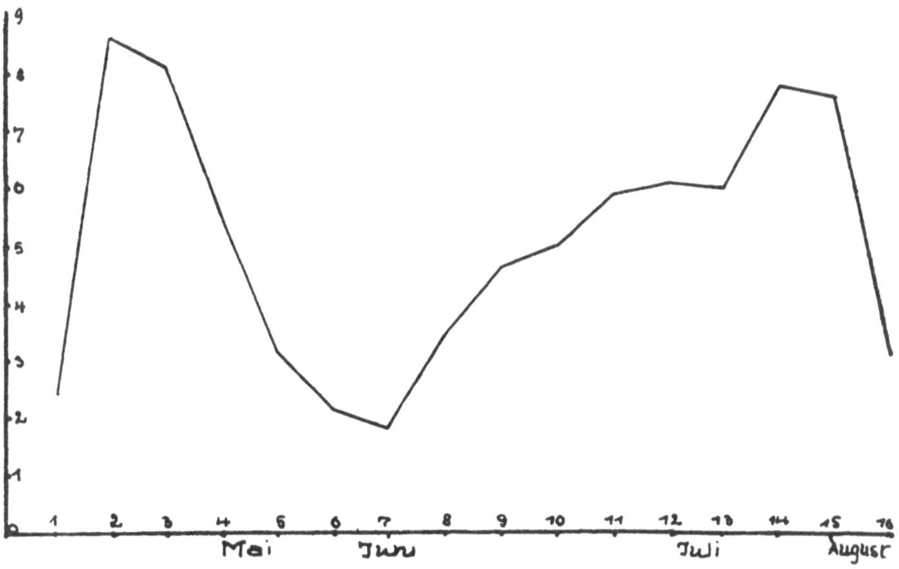

Im Mai einige Blattquirle entfernt.
Ordinate: Internodienlänge in cm.
Abszisse: Ordnungszahl der Internodien.

Balkon.

1. Ein junger Steckling, früher in Wasser, seit 15. 5. 17 in Erde, hatte eine Höhe von ca. 13 cm bei folgenden Internodienlängen in cm:

7,5; 3,5; 1,8.

Er wurde am 21. 5. auf den Balkon gestellt.

Neues Wachstum folgender Internodien:

vom 24. 5.— 7. 6	von 0,7—1,6 cm.	14 Tage.	pro Tag 0,06 cm,
vom 7. 6.—21. 6.	von 0,6—1,5 cm.	14 Tage.	pro Tag 0,06 cm,
vom 19. 6.— 5. 7.	von 0,5—2,0 cm.	16 Tage.	pro Tag 0,09 cm,
vom 3. 7.—21. 7.	von 0,7—2,0 cm.	18 Tage.	pro Tag 0,07 cm,
vom 17. 7.— 4. 8.	von 0,5—3,6 cm.	18 Tage.	pro Tag 0,17 cm.

Zunächst also langsames, dann allmählich ansteigendes Wachstum. Während des August dann noch Entwicklung von Internodien folgender Länge in cm:

4,8; 4,4; 4,3; 2,0.

Gesamtzuwachs 26,2 cm in 4 Monaten bei durchschnittlicher Internodienlänge von 2,9 cm. Die Längen der Internodien zeigen eine typische Periode.

Fig. 15

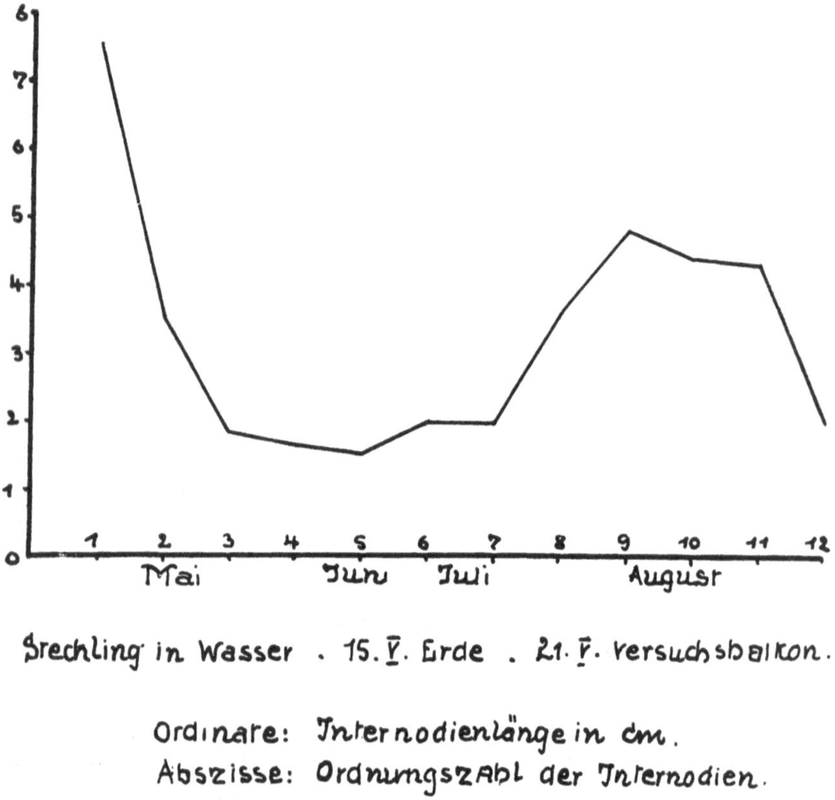

Keine Verzweigung. Dafür aber schon seit 30. 5. wachsende Infloreszenzanlagen.

Am 24. 7. wurden 9 junge Infloreszenzen fortgenommen. 5 spätere Infloreszenzen ließ ich zur Entwicklung und Fruchtbildung kommen. Eine sechste wurde noch angelegt. Also bei geringer Streckung eine sehr lebhafte Bildung von Infloreszenzen.

2. Steckling am 25. 2. 17 in 0,1 %ige Knop-Lösung in Osramlicht. Am 13. 3. in Erde und auf zwei Tage in das Institutsgewächshaus II.

Am 15. 3. wieder in Osramlicht. Der Topf stand schräg unter der Osramlampe und wurde nach Einsetzung einer Osramazolampe besonders stark bestrahlt. Der Vegetationspunkt starb ab, aber es entwickelten sich zwei Seitenzweige. Relativ gleichmäßiges, langsames Wachstum bis 10. 5.

Zweig A. Länge der Internodien in cm: 1,5; 3,0; 2,2; 1,7; 2,2; **3,6**; 3,5; 2,8; 3,3; 3,4. Durchschnitt 2,6 cm.

Am 10. 5. in das Gewächshaus, am 19. 6. frei auf den Balkon.

Bis zum 22. 9. wurden Internodien von folgender Länge in cm gebildet: 3,4; 3,8; 4,3; 3,7; 4,0; 5,4; **7,2**; 3,2; 1,5; 0,9.

Fig. 16

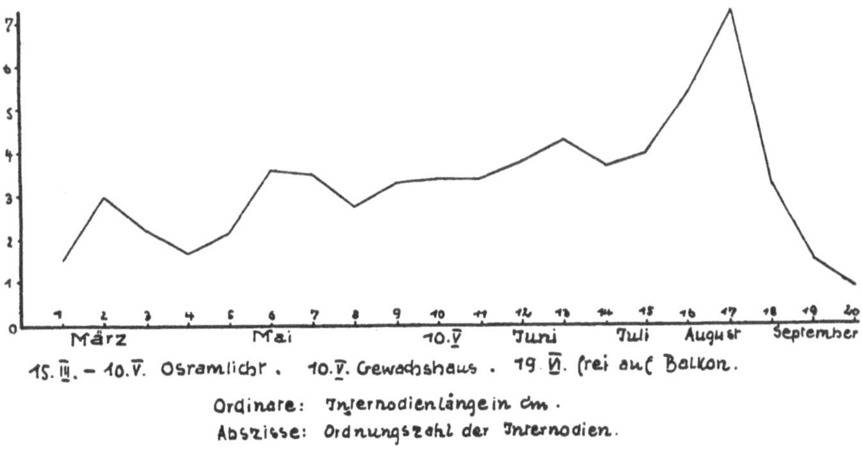

Frei auf dem Balkon also eine deutliche Längenperiode.

Zweig B. Der kleine Trieb bildete bis 10. 5. Internodien folgender Länge in cm: 0,7; **2,5**; 2,1; 1,4; 2,0; 2,0; 2,2; 0,9; 1,8; 1,2. Durchschnitt 1,8 cm.

Auf dem Balkon wurden vom 19. 6—22. 9. Internodien folgender Länge in cm entwickelt: 1,8; 2,5; 2,8; 3,0; **4,0**; 1,8; 1,8; 0,2.

Also für diesen Zweig ein ähnliches Bild wie für den ersten Zweig.

Feuchtes, weißes Glashaus.

Eine Spitze als Steckling am 26. 3. 17 in Erde. Am 29. 4. die Spitze fort. In allen Blattachseln entwickelten sich junge Triebe, in den obersten je zwei. Am 24. 5. wurde die Pflanze in das weiße Glashaus gestellt. Alle Seitenknospen wurden fortgenommen und die obersten beiden Triebe beobachtet.

Trieb A: Das letzte fertige Internodium war 4,7 cm lang. Nun wurde folgendes Wachstum festgestellt:

vom 24. 5.— 7. 6. von 1,8—4,1 cm. 14 Tage. pro Tag 0,16 cm,
vom 3. 6.—17. 6. von 0,5—2,7 cm. 14 Tage. pro Tag 0,16 cm,
vom 13. 6.—29. 6. von 0,7—3,2 cm. 16 Tage. pro Tag 0,16 cm,
vom 23. 6.—11. 7. von 0,5—3,3 cm. 18 Tage. pro Tag 0,16 cm,
vom 7. 7.— 4. 8. von 0,5—3,4 cm. 28 Tage. pro Tag 0,10 cm.

Am 29. 7. wurde die Pflanze in einen großen Topf gestellt. Bis zum Herbst entwickelten sich noch Internodien von folgender Länge in cm: 3,6; 9,1; **11,2**; 4.

Fig. 17

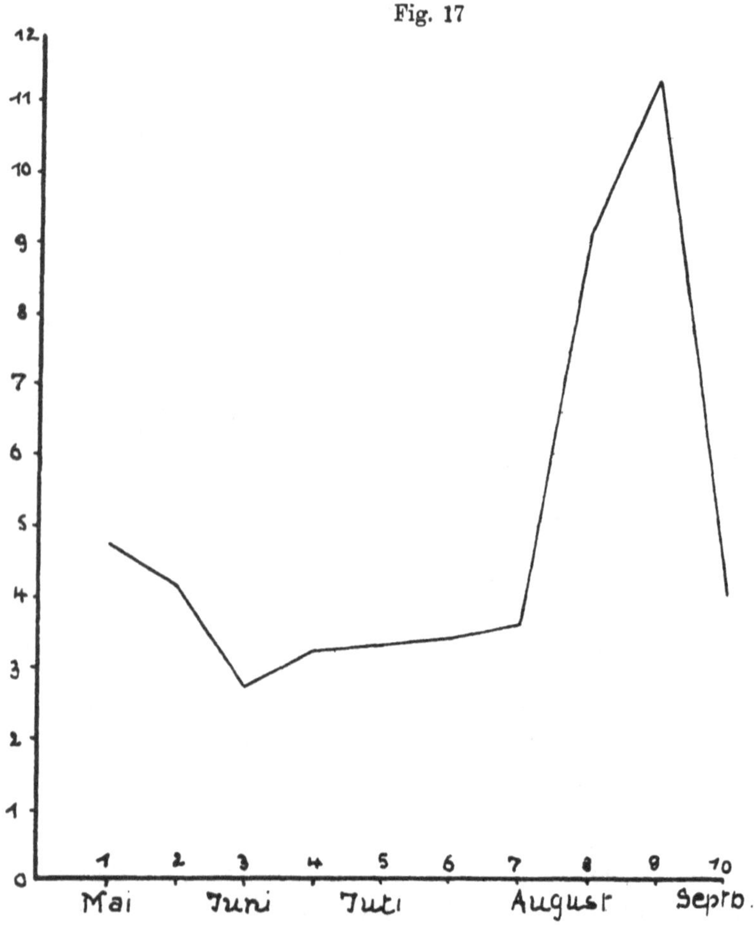

29. IV. Weihses Haus. 29. VII grohser Topf, frishe Erde.
Ordinate: Internodienlange in cm
Abszisse: Ordnungszahl der Internodien.

Nach der Umtopfung gegenüber der gleichmäßigen, relativ geringen Streckung ein sehr viel stärkeres Längenwachstum der Internodien. Im Herbst dann Abnahme. Ferner hatten sich seitdem fünf starke Seitentriebe entwickelt mit folgenden Internodienlängen in cm:

Trieb 1 am 2. Knoten: 2,3; **11,5**; 9,7; 7,6.
Trieb 2 am 3. Knoten: 2,2; **10,2**; 10,2; 3,5.
Trieb 3 am 4. Knoten: 1,4; 5,1; **5,2**; 3,1.
Trieb 4 am 7. Knoten: **9,4**; 8,7; 6,5; 2,2.
Trieb 5 am 7. Knoten: **8,2**; 7,1; 6,0; 3,0. (Fig. 18)

Trieb B: Das jüngste fertige Internodium war 2 cm lang. Vom 24. 5. bis zur Versetzung in den großen Topf am 29. 7. waren die Längen der gebildeten Internodien in cm: 3,1; **4,7**; 3,2; 3,4; 3,1; 3,2.

Vom 29. 7. bis Ende September wurden neue Internodien folgender Länge in cm gebildet: 4,9; **9,1**; 7,7; 4,8; 3,0.

Ein Seitenzweig am 8. Knoten von der Basis aus bildete Internodien von dieser Länge in cm: **4,9**; 4,3; 1,7.

Man erkennt hier den von Groom bei Stauden beobachteten Unterschied in der Längenperiode je nach dem Orte, wo der Zweig entsteht. Die untersten Zweige zeigen eine allerdings gleichstark ansteigende Kurve. Bei den oberen Zweigen zeigen das Maximum die basalen Internodien. An der gleichen gut ernährten Pflanze war aus dem alten Stammstück aus der Basis an einem mit Erde bedeckten Knoten ein aufrechter Seitenzweig mit Internodien folgender Länge in cm entwickelt worden: **15,5**; 13,8; 14,0; 8,1; 2,5.

Also hier gerade an der Basis eine auffallend starke Streckung der untersten Internodien und eine im allgemeinen nur absteigende Kurve. Die gute Bodenernährung hatte dies wie die aufrechte Stellung bewirkt. Aber an und für sich hat der Ort für die Entstehung langer Internodien nur insofern Bedeutung, als je nach der Ausbildung der Knoten der gesamte Ernährungszustand und die Wachstumsbedingungen dafür von vornherein günstig sind.

Rotes Haus.

Steckling am 26. 3. 17 in Erde. Am 19. 4. Spitze fort. Am 29. 4. in das rote Glashaus. Der Topf hatte die gleiche Größe wie der der Pflanze im weißen Hause. Länge der Internodien in cm bis zum 1. 7.: 8,6; **16,2**; 8,7; 8,2; 6,5; 1,5; dann frei bis 9. 8. und dabei Internodien von 1,1 und 2,6 cm Länge. Am 9. 8. wieder rotes Haus und Internodien 6,8 und 2,6 cm lang (Fig. 19). Im August entwickelten sich mehrere Seitentriebe mit folgenden Internodienlängen in cm:

am 2. Knoten: 3,0; 11,7; 14,1; 5,0;
am 3. Knoten: 4,6; **15,6**; 10,2; 2,6;
am 4. Knoten: 0,5; 6,7; **7,0**.

Hier trat also die die Streckung befördernde Wirkung des roten Lichtes gegenüber dem weißen Licht deutlich hervor. Die Blätter bogen sich im

Fig. 18

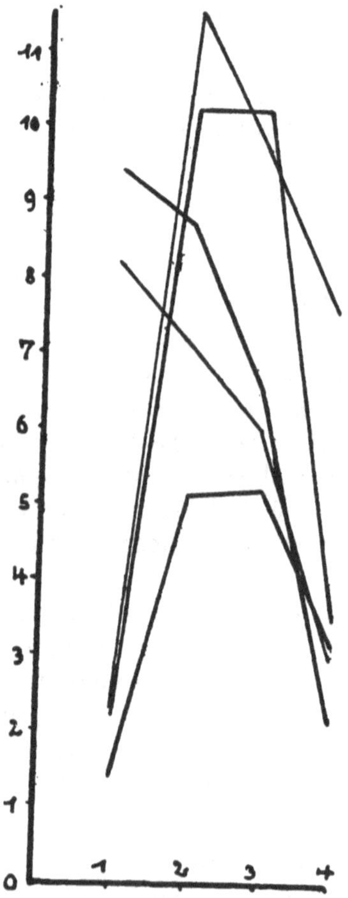

5 Seitentriebe derselben Pflanze nach der Umtopfung am 29. VII. Weißes Haus.
Ordinate: Internodienlänge in cm.
Abszisse: Ordnungszahl der Internodien.

Fig. 19

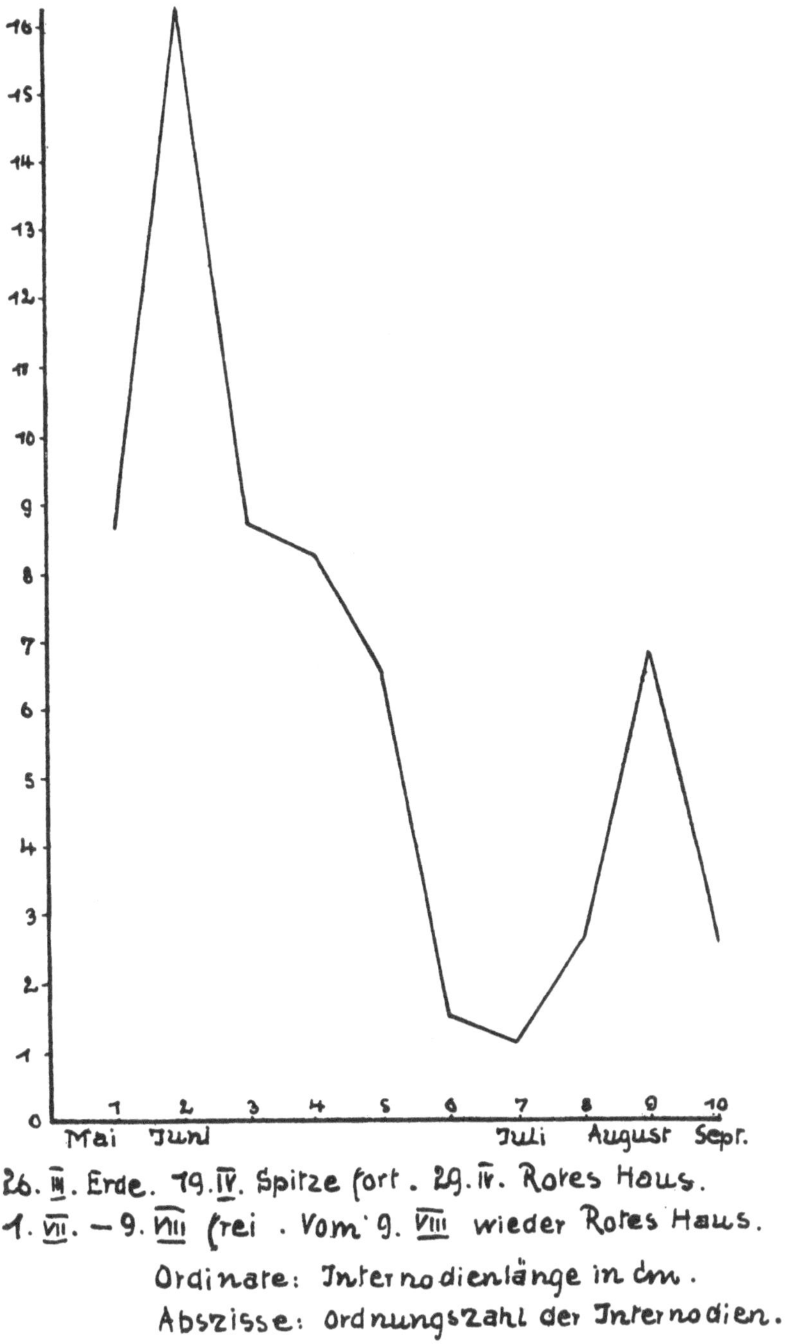
16
15
14
13
12
11
10
9
8
7
6
5
4
3
2
1
0
1 2 3 4 5 6 7 8 9 10
Mai
Juni
Juli
August
Sept.
26. III. Erde. 19. IV. Spitze fort. 29. IV. Rotes Haus.
1. VII. – 9. VIII frei. Vom 9. VIII wieder Rotes Haus.
Ordinate: Internodienlänge in cm.
Abszisse: Ordnungszahl der Internodien.

roten Licht nach abwärts. Die im Juli auf dem Balkon sich bildenden Blätter waren horizontal, die alten abwärtsgebogenen richteten sich nicht wieder auf.

Ein entsprechendes Bild bot der zweite Trieb dieser Pflanze. Internodienlängen im roten Licht bis zum 1. 7. in cm: 3,5; **7,4**; 3,1; 5,0; 3,9. Bis 9. 8. frei auf dem Balkon und Bildung von 1,1 und 2,2 cm langen Internodien. Später wieder im roten Glashaus entstanden 11,9; **16,7**; 4,8 cm lange Internodien. Kein Seitenzweig.

Blaues Haus.

Steckling am 24. 3. 17 in Wasser, am 13. 4. in Erde, am 29. 4. Spitze fort und Einstellung in das blaue Glashaus.

Hier wurden im blauen Licht Internodien folgender Länge in cm entwickelt:

Zweig 1: **3,0**; 2,8; 1,1.
Zweig 2: **3,8**; 3,4; 2,1.

Fig. 20

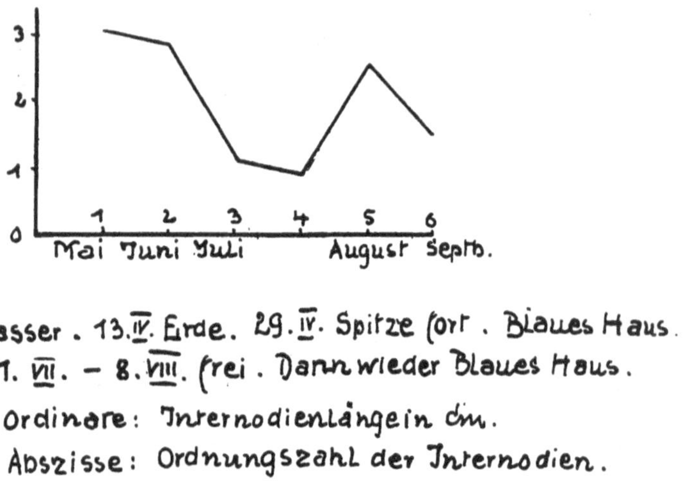

Die Länge der Internodien nahm bei geringem Wachstum bereits im Juni stark ab. Am 1. 7. wurde die Pflanze frei gestellt. Bis 8. 8. sehr langsames Wachstum. Es traten an jedem Zweig Ende Juli zwei Infloreszenzen auf. Am 8. 8. wieder blaues Haus. Die Länge der neuen Internodien in cm war:

Zweig 1: 0,9; 2,5; 1,5.
Zweig 2: 1,1; 2,8; 6,5.

Vergleichsversuche mit Stecklingen derselben Pflanze.

1. Am 14. 7. 17 wurden vier Seitenzweige einer Pflanze abgeschnitten und in v. d. Crone-Lösung gestellt. Je ein Exemplar wurde in das weiße, rote, blaue und dunkle Glashaus gestellt.

a) Weißes Haus. Am 27. 7. junge Wurzeln. Alte Internodien: 6,6; 7,6; **9,7**; 2,1; 0,3 cm lang. Neue Internodien bis 18. 10.: 2,8; **2,9**; 1,9; 0,8 cm lang.

b) Rotes Haus. Am 24. 7. erste Wurzeln. Alte Internodien: 2,4; **4,7**; 4,0; 3,6; **4,7**; 1,9; 0,2 cm lang. Neue Internodien bis 22. 9.: **4,6**; 2,1; 2,3; 2,6; 0,2 cm lang.

c) Blaues Haus. Am 24. 7. junge Wurzeln. Alte Internodien: 3,4; 2,8; 3,2; 4,4; **5,9**; 2,8; 0,3 cm lang. Neue Internodien bis 18. 10.: **2,8**; 1,5 cm lang.

d) Dunkelhaus. Keine Wurzelbildung. Alte Internodien: 0,4; 2,6; **8,1**; 6,8; 3,2; 0,6 cm lang. Neue Internodien wurden nicht gebildet. Am 29. 7. war der Steckling abgestorben.

Überall nur absteigende Kurven. Das rote Licht konnte nur wenig wirken, weil bei der langsamen Wurzelbildung in der Nährsalzlösung das Wachstum mehr und mehr gehemmt wurde. Im blauen Licht war nur ein ganz geringes Wachstum zu bemerken.

Im roten Licht trat am 11. 9. eine junge Infloreszenz auf, die bis zum 22. 9. sich auf 3,6 cm, bis zum 18. 10. auf 6,2 cm streckte. Einige Blüten waren im Oktober offen und rein gelb. Bis zum 4. 11. hatte der Infloreszenzstiel eine Länge von 6,4 cm. Es waren noch offene Blüten vorhanden. Die innerste Knospe war noch nicht aufgeblüht.

Im blauen Licht traten am 27. 7. zwei Infloreszenzen auf, die aber bald verkümmerten. Am 11. 9. war eine Infloreszenz mit einem Stiel von 4,5 cm Länge vorhanden. Die Blüten waren nur am Schlunde gelb, sonst weiß.

2. Am 9. 8. 17 wurden drei noch nicht bewurzelte Stecklinge in Erde gestellt und in das weiße und in die farbigen Häuser verteilt. Das erste im Boden steckende Internodium wurde nicht mitgemessen.

a) Weißes Haus. Höhe 9 cm. Letzte Internodien 4,7 und 0,8 cm lang. Neue Internodien bis 13. 9.: 6,7; **8,8**; 1,9; 0,2 cm lang.

b) Rotes Haus. Höhe 10 cm. Letzte Internodien **5,8**; 2,6; 0,2 cm lang. Neue Internodien bis 13. 9.: 2,5; **10,3**; 2,6 cm lang.

c) Blaues Haus. Höhe 26 cm. Letzte Internodien **7,4**; 4,3; 7,1; 3,0; 0,5 cm lang. Neue Internodien bis 22. 9.: 3,2; 4,3; **4,8**; 0,2.

In den beiden Versuchsreihen waren die letzten beiden alten Internodien noch nicht ausgewachsen und wuchsen unter den Versuchsbedingungen zu den beiden Internodien heran, die oben als die ersten beiden neuen Internodien mitgeteilt werden.

Der Unterschied in der Wirkung weißen, roten und blauen Lichtes, wie er früher gekennzeichnet wurde, geht aus dieser letzten Versuchsreihe deutlich hervor.

Elektrischer Lichtraum.

Zum Versuch benutzte ich dieselbe Osramazolampe, die zu früheren Versuchen im März bis Anfang Mai gedient hatte. Ihre Lichtstärke — ursprünglich etwa 650 Kerzen — nahm langsam ab. Auch die Temperatur sank von September bis Mitte November.

Bei den ersten Versuchen im Frühjahr 1917 war das Wachstum der Pflanzen im elektrischen Lichtraum sehr langsam gewesen.

1. Ich benutzte jetzt die Pflanze S. 43, die seit dem 9. 8. 17 im weißen Glashause kultiviert worden war und bis zum 13. 9. Internodien von 6,7; **8,8**; 1,9 und 0,2 cm Länge gebildet hatte. Die Pflanze wurde am 14. 9. schräg unter die Lampe gestellt. In 3 Tagen entwickelte sich das zweite Internodium bis auf 9,2 cm.

Nun wurde folgendes Wachstum beobachtet:

vom 14. 9. —20. 9.	von 2,3— 7,0 cm.	6 Tage.	pro Tag 0,79 cm,
vom 16. 9. — 2. 10.	von 0,4— 4,8 cm.	16 Tage.	pro Tag 0,28 cm,
vom 20. 9. — 8. 10.	von 0,4— 6,7 cm.	18 Tage.	pro Tag 0,35 cm,
vom 2. 10.—16. 10.	von 0,8— 8,4 cm.	14 Tage.	pro Tag 0,54 cm,
vom 8. 10.—22. 10.	von 0,8—10,2 cm.	14 Tage.	pro Tag 0,67 cm,
vom 12. 10.—28. 10.	von 0,5—10,8 cm.	16 Tage.	pro Tag 0,64 cm,
vom 18. 10.— 1. 11.	von 0,4—**12,0** cm.	14 Tage.	pro Tag 0,82 cm,
vom 24. 10.— 9. 11.	von 0,6— 8,2 cm.	16 Tage.	pro Tag 0,48 cm.

(Fig. 21.)

Während der Entwicklung entstanden auch mehrere Infloreszenzen, von denen die ersten beiden zur Blüte kamen, jedoch fielen die Blüten in wenigen Tagen ab. Die nächsten Infloreszenzen fielen bereits als Knospen ab. Durch die Streckung war die Pflanze in etwa gleiche Höhe mit der Lampe gekommen und hatte sich ihr durch phototropische Krümmung bis auf 40—35 cm genähert. Die alten Blätter krümmten sich unter ihrem Stiel, so daß sie zum Teil unter dem Stengel lagen. Sie fielen allmählich ab, so daß die Pflanze nur noch an den drei obersten Knoten Blätter besaß. Am 16. 11. wurde die Pflanze daher in das Gewächshaus gebracht.

Jedenfalls hatte das elektrische Licht trotz großer Lufttrockenheit eine viel größere Streckung bewirkt als das Licht im weißen Hause. Das dürfte zurückzuführen sein auf das relative Überwiegen der kurzwelligen Strahlen im elektrischen Licht.

2. Die Pflanze S. 43, die seit dem 9. 8. im roten Glashaus kultiviert wurde und daher wenig kräftig war, wurde am 13. 9. in gleicher Weise unter die Osramazolampe gestellt wie die vorige Pflanze. Die letzten im

Fig. 21

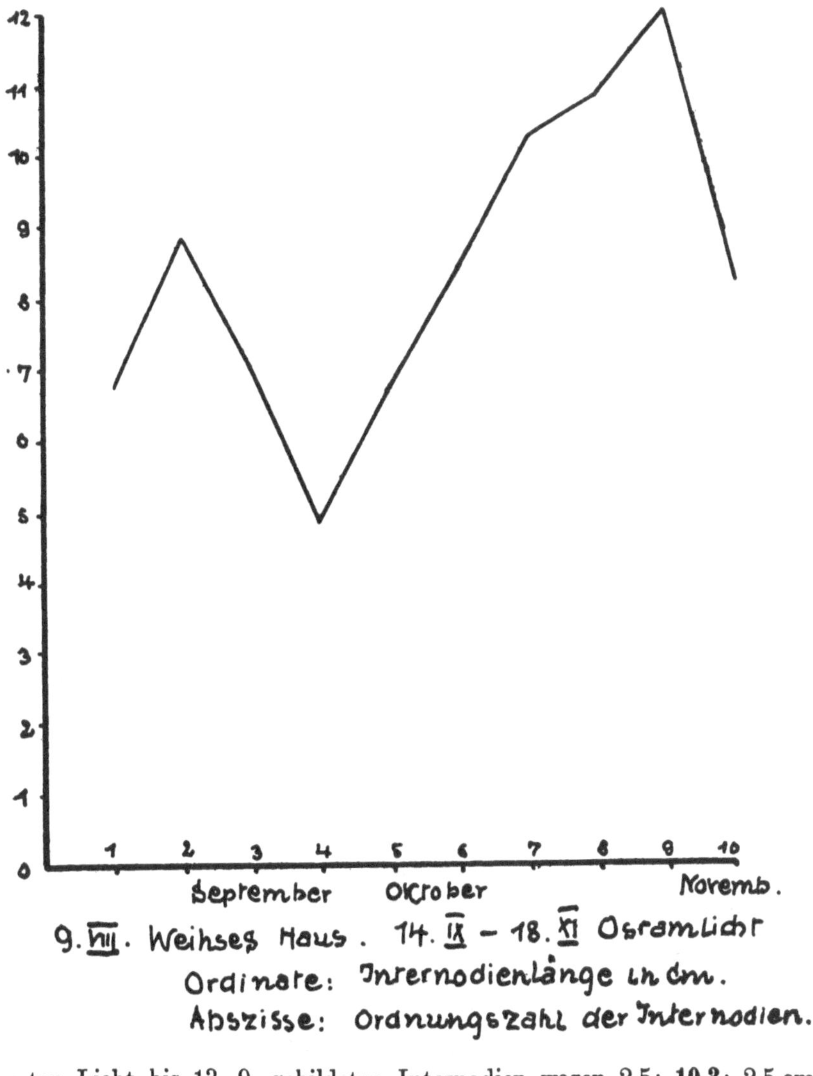

roten Licht bis 13. 9. gebildeten Internodien waren 2,5; **10,3**; 2,5 cm lang. Es wuchsen neue Internodien von folgender Länge in cm: 4,6; 2,9; 3,4; 4,8; 5,7; **7,3**; 5,7; 4,4. Gegenüber der starken Streckung im roten Licht trat im elektrischen Licht eine Abnahme der Streckung ein, die sich aber später wenn auch wenig, so doch immerhin deutlich verstärkte, ohne allerdings den Grad zu erreichen wie bei der vorigen Pflanze. Auch hier krümmten sich die alten Blätter und fielen ab. Oben entstand eine Infloreszenz mit einigen offenen Blüten, die aber sofort abfielen.

Offenbar bedeutete hier beim Übergang aus dem rein roten Licht das elektrische Licht zunächst eine Verminderung der kurzwelligen Strahlen. Daher die anfängliche Abnahme der Internodienlänge gegenüber den Längen, die im rein roten Licht festgestellt wurden. Nach dieser ersten Reaktion machte sich aber wieder der große Gehalt an roten Strahlen des elektrischen Lichtes im Ansteigen der Internodienlängen bemerkbar.

Die Untersuchungsergebnisse mit farbigem Licht stimmen überein mit meinen Beobachtungen über die Wirkung verschiedener Lichtstrahlen auf Farnkeimlinge (1917), nach denen im allgemeinen die roten Lichtstrahlen Streckung bewirken, die blauen Strahlen eine Hemmung der Streckung zur Folge haben.

Zusammenfassung der Resultate.

Die mit Lantana amara angestellten Versuche führen zu folgenden Ergebnissen:

1. Die Längenperiode der Internodien ist nicht eine erblich fixierte Eigenschaft der Pflanzen, sondern wie alle Lebenserscheinungen nur die Reaktion ihrer spezifischen Struktur auf die Bedingungen der Außenwelt.

2. Die Längenperiode kann erzielt, aufgehoben und tiefgreifend verändert werden je nach den äußeren Lebensbedingungen, unter denen die Pflanzen kultiviert werden.

3. Quantitative Veränderungen dieser Bedingungen bestimmen Dauer und Intensität des Wachstums, verändern den allgemeinen Ernährungszustand der Pflanzen und entscheiden über die Länge der einzelnen Internodien und damit im Zusammenhang über die Variationsbreite der Internodienlängen, über die Lage des Maximums in Kurven der Internodienlängen und über Eintritt, Ausbleiben und Veränderungen der Längenperiode der Internodien.

4. Die Streckung der Internodien hindernde Faktoren sind: niedere Temperatur, Trockenheit des Bodens und der Luft, Mangel an anorganischen Nährsalzen, Kultur in Nährlösungen, blaue Lichtstrahlen, Lichtmangel.

5. Die Streckung der Internodien fördernde Faktoren sind: höhere Temperatur, genügende Bodenfeuchtigkeit, anorganische Nährsalze in Verbindung mit Boden, Licht, insbesondere rote Lichtstrahlen.

6. Eine typische Längenperiode der Internodien tritt ein bei Kultur unter den periodisch wechselnden Bedingungen unseres Klimas im Freien. Doch folgt in Kurven der Internodienlängen die Lage des Maximums keiner bestimmten Regel, da trotz der Periodizität der Bedingungen im großen die Bedingungskombinationen im einzelnen bei Ausbildung der einzelnen Internodien wechseln. Im übrigen sind die Kurven in diesen Fällen typische Galtonkurven.

7. Die Längenperiode der Internodien bleibt aus, solange die Lebensbedingungen annähernd gleichmäßig sind, z. B. bei Kultur im Gewächshaus bei künstlicher Dauerbelichtung (S. 37).

8. Die Längenperiode wird tiefgreifend verändert, wenn Veränderungen in der Kombination der Lebensbedingungen eintreten, sei es durch Verbesserung oder Verschlechterung aller oder auch nur durch Steigerung oder Minderung einzelner Faktoren gegenüber den anderen. Durch Steigerung eines Streckung fördernden Faktors nach nicht sehr günstigen Lebensbedingungen werden mehr oder weniger stark ansteigende Kurven erzielt, durch Minderung eines solchen Faktors nach günstigen Lebensbedingungen stark abfallende Kurven. Mehrfacher Wechsel der Bedingungskombinationen hat Kurven mit mehreren Spitzen zur Folge.

9. Daß die Länge der Internodien in engstem Zusammenhang mit dem Ernährungszustande der Pflanzen steht und der trophischen Wirkung des Lichtes zum mindesten eine große Bedeutung zukommt, geht daraus hervor, daß schlafende Knospen im Dunkeln sich zu Zweigen mit verhältnismäßig langen Internodien entwickeln können und daß nach Entblätterung kürzere Internodien gebildet werden.

10. Die die Internodienstreckung fördernde Wirkung des roten Lichtes, die entsprechend hemmende Wirkung des blauen Lichtes bei Lantana steht in Übereinstimmung mit den Lichtwirkungen, die auf Keimlinge von Farnen und auf die Stengel von Sempervivum beobachtet wurden.

11. Die Durchschnittskurven der Internodienlängen größerer Pflanzen sind typische Galtonkurven. Mangelhafte Bodenernährung verschiebt auch hier das Maximum nach links, wie früher 1907 bei Variationskurven der Staubblätter von Sedum spectabile festgestellt wurde.

Literatur.

1. BERTHOLD, G., Untersuchungen zur Physiologie der pflanzlichen Organisation II. Leipzig 1904.
2. GERNECK, R., Über die Bedeutung anorganischer Salze für die Entwicklung und den Bau der höheren Pflanzen. Diss. Göttingen 1902.
3. GROOM, P., Longitudinal symmetry in Phanerogams. Phil. Trans. R. Soc. London. Vol. 200. 1908.
   — The longitudinal symmetry of the Centrospermae. Trans. Linnean Soc. London. Bot. VII. 1909.
4. HALES, St., Statical Essays. London 1727. 3. Aufl. 1738. Bd. I. Vegetable Staticks.
5. HARTING, M. G., Waarnemingen over den groei der planten en den omstandigheten die daarop invloed hebben. Tijdsch. nat. Gesch. en Phys. IX. 1842.
   — Mikrometrische Untersuchungen über die Entwicklung der Elementarteile des jährlichen Stammes der Dikotylen. Linnaea. XIX. 1847. Originalarbeit. Tijdsch. natuur. Gesch. en Phys. XI. 1844.
6. KLEBS, Studien über Variation. Arch. f. Entwicklungsmechanik. XXIV. 1907.
   — Zur Entwicklungs-Physiologie der Farnprothallien. Heidelb. Akad. 1916. 1917.
7. KRACKE, A., Beiträge zur Kenntnis der morphologischen und anatomischen Korrelationen am Laubsproß. Diss. Göttingen 1915.
8. KRAUS, GR., Über die Ursachen der Formänderungen etiolierender Pflanzen. Jahrb. f. wiss. Bot. VII. 1869.
9. MAC DOUGAL, The influence of light and darkness upon growth and development. Mem. New York, Bot. Gard. II. 1903.
10. MÜNTER, T., Beobachtungen über das Wachstum verschiedener Pflanzenteile. Bot. Zeit. 1843.
11. MOLL, I. W., De invloed van celdeeling en celstrekking op den groei. 1876.
12. PFEFFER, W., Pflanzenphysiologie. 2. Aufl. I. Leipzig 1897. II 1901–1904.
13. RACIBORSKI, Über die Verzweigung. Ann. Jard. Buitenzorg 1901.
14. RICÔME, H. Action de la lumière sur des plantes préablement étiolées. Rev. gen. de Bot. XIV. 1902.
15. SACHS, J., Über den Einfluß der Lufttemperatur und des Tageslichtes auf die stündlichen und täglichen Änderungen des Längenwachstums (Streckung) der Internodien. Arb. Würz. Bot. Inst. 1872. I.
   — Vorlesungen über Pflanzenphysiologie. 1882.
16. SIERP, H., Über die Beziehungen zwischen Individuengröße, Organgröße und Zellengröße usw. Jahrb. f. wiss. Bot. 1913. Bd. 53.
17. TAMMES, T., Die Periodizität morphologischer Erscheinungen bei Pflanzen. Verh. König. Akad. Wetens. Amsterdam. Sek. II. D. IX. 1903.
18. WIESNER, J. und v. WETTSTEIN, R., Untersuchungen über die Wachstumsgesetze der Pflanzenorgane. Sitz.-Ber. Wien. Akad. 1883. Math.-Nat. Kl. I.

4. HEFFTER, L. Zur absoluten Geometrie. Reichsmark 0·60
5. VAN WERVEKE, L. Über die Entstehung der lothringischen Lehme und des mittelrheinischen Lößes. Reichsmark 1·50
6. KRULL, WOLFGANG. Die verschiedenen Arten der Hauptidealringe. Reichsmark 0·50
7. ROESER, ERNST. Übergang von der nichteuklidischen Streckentrigonometrie zur Winkelmessung. Reichsmark 0·30
8. WELLSTEIN, JULIUS. Zur Differentialgeometrie der isotropen Kurven. Reichsmark 1·50
9. EWALD, RUDOLF. Die geodynamischen Erscheinungen des krystallinen Odenwaldes als Beispiel einer geoisostatischen Ausgleichsschwingung. Reichsmark 1·50
10. VOELCKER, ILSE. Über eine ganz junge Verwerfung bei Rauenberg im Kraichgau. Reichsmark 0·30
11. LIEBMANN, HEINRICH. Die Aufschließung von Differentialinvarianten Reichsmark 0·50

Abteilung B. Biologische Wissenschaften.

Jahrgang 1923.

1. KOSSEL, A. und R. E. GROSS. Über die Darstellung und quantitative Bestimmung des Arginins. Reichsmark 0·30

Von Jahrgang 1925 ab findet die Trennung in Abteilung A und B nicht mehr statt.

Jahrgang 1925.

1. HEFFTER, LOTHAR. Zur absoluten Geometrie II. Reichsmark 0·50
2. ROESER, ERNST. Die komplementären Figuren der nichteuklidischen Ebene. Reichsmark 0·50
3. FLADT, KUNO. Neuer Beweis für die Zuordnung von rechtwinkligem Dreieck und Spitzeck in der hyperbolischen Elementargeometrie. Reichsmark 0·30
4. SALOMON, WILHELM. Beobachtungen über Harnische. Reichsmark 0·70
5. LOEWY, A. Beiträge zur Algebra. 1—4. Reichsmark 1·—
6. HELLPACH, WILLY. 2. Mitteilung zur Physiognomik der deutschen Volksstämme. Reichsmark 0·30
7. LOEWY, ALFRED. Neue elementare Begründung und Erweiterung der Galoisschen Theorie. Reichsmark 2·—
8. CURTIUS, THEODOR und BERTHO, ALFRED. Einwirkung von Stickstoffkohlenoxyd und von Stickstoffwasserstoffsäure unter Druck auf aromatische Kohlenwasserstoffe. Reichsmark 0·40
9. ROESER, ERNST. Die gnomonische Projektion in der hyperbolischen Geometrie. Reichsmark 0·70
10. RASCH, G. Uber die Ausnützung der Gezeiten des Meeres zur Energiegewinnung. Reichsmark 0·80
11. SALOMON, WILHELM. Magmatische Hebungen. Reichsmark 1·20

12. PÜTTER, A. Altersbestimmungen an Drachenbäumen von Tenerife. Reichsmark 0·90

13. VOLK, OTTO. Über geodätische rhombische Kurvennetze auf krummen Flächen, insbesondere auf Flächen konstanter Krümmung. Reichsmark 1·10

14. ROESER, ERNST. Die Fundamentalkonstruktion der hyperbolischen Geometrie. Reichsmark 1·40

15. RÜGER, L. und RÜGER-HAAS, P. Palaeosemaeostoma geryonides v. Huene sp., eine sessile Meduse aus dem Dogger von Wehingen in Württemberg und Medusina liasica nov. sp., eine Coronatenähnliche Meduse aus dem mittleren Lias von Hechingen in Württemberg. Reichsmark 1·50

Jahrgang 1926.

1. WOLFGANG KRULL. Theorie und Anwendung der verallgemeinerten Abelschen Gruppen. Reichsmark 1·70.

2. GEORG KLEBS. Über periodisch wachsende tropische Baumarten. Reichsmark 1·20

3. MAX MÜLLER. Über die Oberfläche von Flächenstücken. Reichsmark 1·20.

4. MAX ERNST, Über Anlagen von Organen, die nicht zur Ausbildung gelangen. Reichsmark 0·50

5. EMIL ERNST. Die optischen Eigenschaften des Andesins von Bodenmais. Reichsmark 1·10

6. WILHELM LIEPMANN. Leichengeburt bei Ichthyosauriern. Reichsmark 0·90.

7. GEORG KLEBS. Über die Längenperiode der Internodien. Reichsmark 2·40.

Abhandlungen der Heidelberger Akademie der Wissenschaften

Mathematisch-naturwissenschaftliche Klasse

Abteilung A

12. MOHR, ERNST. Über den Zusammenhang zwischen der Struktur und den morphologischen Merkmalen des Diamanten. 1924. Reichsmark 3·50

Druck: Hermann Böhlaus Nachfolger Hof-Buchdruckerei G. m. b. H. Weimar.

FSC
www.fsc.org
MIX
Papier | Fördert
gute Waldnutzung
FSC® C083411

Zeitfracht Medien GmbH
Ferdinand-Jühlke-Straße 7
99095 Erfurt, Deutschland
produktsicherheit@kolibri360.de